上海市职业教育"十四五"规划教材

世界技能大赛项目转化系列教材

烘　焙

Bakery

主　编◎张永亮　仇志俊

上海教育出版社

SHANGHAI EDUCATIONAL
PUBLISHING HOUSE

世界技能大赛项目转化系列教材
编委会

主　任：毛丽娟　张　岚

副主任：马建超　杨武星　纪明泽　孙兴旺

委　员：（以姓氏笔画为序）

马　骏　卞建鸿　朱建柳　沈　勤　张伟罡

陈　斌　林明晖　周　健　周卫民　赵　坚

徐　辉　唐红梅　黄　蕾　谭移民

序

  世界技能大赛是世界上规模最大、影响力最为广泛的国际性职业技能竞赛，它由世界技能组织主办，以促进世界范围的技能发展为宗旨，代表职业技能发展的世界先进水平，被誉为"世界技能奥林匹克"。随着各国对技能人才的高度重视和赛事影响不断扩大，世界技能大赛的参赛人数、参赛国和地区数量、比赛项目等都逐届增加，特别是进入21世纪以来，增幅更加明显，到第45届世界技能大赛赛项已增加到六大领域56个项目。目前，世界技能大赛已成为世界各国和地区展示职业技能水平、交流技能训练经验、开展职业教育与培训合作的重要国际平台。

  习近平总书记对全国职业教育工作作出重要指示，强调加快构建现代职业教育体系，培养更多高素质技术技能人才、能工巧匠、大国工匠。技能是强国之基、立国之本。为了贯彻落实习近平总书记对职业教育工作的重要指示精神，大力弘扬工匠精神，加快培养高素质技术技能人才，上海市教育委员会、上海市人力资源和社会保障局经过研究决定，选取移动机器人等13个世赛项目，组建校企联合编写团队，编写体现世赛先进理念和要求的教材（以下简称"世赛转化教材"），作为职业院校专业教学的拓展或补充教材。

  世赛转化教材是上海职业教育主动对接国际先进水平的重要举措，是落实"岗课赛证"综合育人、以赛促教、以赛促学的有益探索。上海市教育委员会教学研究室成立了世赛转化教材研究团队，由谭移民老师负责教材总体设计和协调工作，在教材编写理念、转化路径、教材结构和呈现形式等方面，努力创新，较好体现了世赛转化教材应有的特点。世赛转化教材编写过程中，各编写组遵循以下两条原则。

原则一，借鉴世赛先进理念，融入世赛先进标准。一项大型赛事，特别是世界技能大赛这样的国际性赛事，无疑有许多先进的东西值得学习借鉴。把世赛项目转化为教材，不是简单照搬世赛的内容，而是要结合我国行业发展和职业院校教学实际，合理吸收，更好地服务于技术技能型人才培养。梳理、分析世界技能大赛相关赛项技术文件，弄清楚哪些是值得学习借鉴的，哪些是可以转化到教材中的，这是世赛转化教材编写的前提。每个世赛项目都体现出较强的综合性，且反映了真实工作情景中的典型任务要求，注重考查参赛选手运用知识解决实际问题的综合职业能力和必备的职业素养，其中相关技能标准、规范具有广泛的代表性和先进性。世赛转化教材编写团队在这方面都做了大量的前期工作，梳理出符合我国国情、值得职业院校学生学习借鉴的内容，以此作为世赛转化教材编写的重要依据。

原则二，遵循职业教育教学规律，体现技能形成特点。教材是师生开展教学活动的主要参考材料，教材内容体系与内容组织方式要符合教学规律。每个世赛项目有一套完整的比赛文件，它是按比赛要求与流程制定的，其设置的模块和任务不适合照搬到教材中。为了便于学生学习和掌握，在教材转化过程中，须按照职业院校专业教学规律，特别是技能形成的规律与特点，对梳理出来的世赛先进技能标准与规范进行分解，形成一个从易到难、从简单到综合的结构化技能阶梯，即职业技能的"学程化"。然后根据技能学习的需要，选取必需的理论知识，设计典型情景任务，让学生在完成任务的过程中做中学。

编写世赛转化教材也是上海职业教育积极推进"三教"改革的一次有益尝试。教材是落实立德树人、弘扬工匠精神、实现技术技能型人才培养目标的重要载体，教材改革是当前职业教育改革的重点领域，各编写组以世赛转化教材编写为契机，遵循职业教育教材改革规律，在职业教育教材编写理念、内容体系、单元结构和呈现形式等方面，进行了有益探索，主要体现在以下几方面。

1. 强化教材育人功能

在将世赛技能标准与规范转化为教材的过程中，坚持以习近平新时代中国特色社会主义思想为指导，牢牢把准教材的政治立场、政治方向，把握正确的价值导向。教材编写需要选取大量的素材，如典型任务与案例、材料与设备、软件与平台，以及与之相关的资讯、图片、视频等，选取教材素材时，坚定"四个自信"，明确规定各教材编写组，要从相关行业企业中选取典型的鲜活素材，体现我国新发展阶段经济社会高质量发展的成果，并结合具体内容，弘扬精益求精的工匠精神和劳模精神，有机融入中华优秀传统文化的元素。

2. 突出以学为中心的教材结构设计

教材编写理念决定教材编写的思路、结构的设计和内容的组织方式。为了让教材更符合职业院校学生的特点，我们提出了"学为中心、任务引领"的总体编写理念，以典型情景任务为载体，根据学生完成任务的过程设计学习过程，根据学习过程设计教材的单元结构，在教材中搭建起学习活动的基本框架。为此，研究团队将世赛转化教材的单元结构设计为情景任务、思路与方法、活动、总结评价、拓展学习、思考与练习等几个部分，体现学生在任务引领下的学习过程与规律。为了使教材更符合职业院校学生的学习特点，在内容的呈现方式和教材版式等方面也尝试一些创新。

3. 体现教材内容的综合性

世赛转化教材不同于一般专业教材按某一学科或某一课程编写教材的思路，而是注重教材内容的跨课程、跨学科、跨专业的统整。每本世赛转化教材都体现了相应赛项的综合任务要求，突出学生在真实情景中运用专业知识解决实际问题的综合职业能力，既有对操作技能的高标准，也有对职业素养的高要求。世赛转化教材的编写为职业院校开设专业综合课程、综合实训，以及编写相应教材提供参考。

4. 注重启发学生思考与创新

教材不仅应呈现学生要学的专业知识与技能，好的教材还要能启发学生思考，激发学生创新思维。学会做事、学会思考、学会创新是职业教育始终坚持的目标。在世赛转化教材中，新设了"思路与方法"栏目，针对要完成的任务设计阶梯式问题，提供分析问题的角度、方法及思路，运用理论知识，引导学生学会思考与分析，以便将来面对新任务时有能力确定工作思路与方法；还在教材版面设计中设置留白处，结合学习的内容，设计"提示""想一想"等栏目，起点拨、引导作用，让学生在阅读教材的过程中，带着问题学习，在做中思考；设计"拓展学习"栏目，让学生学会举一反三，尝试迁移与创新，满足不同层次学生的学习需要。

世赛转化教材体现的是世赛先进技能标准与规范，且有很强的综合性，职业院校可在完成主要专业课程的教学后，在专业综合实训或岗位实践的教学中，使用这些教材，作为专业教学的拓展和补充，以提高人才培养质量，也可作为相关行业职工技能培训教材。

编委会

2022 年 5 月

前 言

一、世界技能大赛烘焙项目简介

烘焙项目于 1997 年第一次作为比赛项目出现在世界技能大赛中。我国于 2010 年加入世界技能组织，在 2017 年第 44 届世界技能大赛上第一次参加烘焙项目比赛，并获得金牌。

烘焙项目是指烘焙师利用有限的工具、材料真实制作出可食用成品的竞赛项目。选手应能根据主题要求及相关法规，在一定的空间和时间内制作出指定样式、数量、规格且符合相关卫生要求的产品，并能够对作品进行精确阐述及创意展现。

烘焙项目比赛的主要流程包括产品作业书制作、产品制作及产品评价，常见的产品类型有辫子面包、无馅布里欧修、含馅布里欧修、传统法棍、法式造型面包、传统弯牛角、双色可颂、花式含馅丹麦、黑麦面包、德国结、艺术面包等。按照这些面包成形的基础条件，可以进一步将烘焙项目产品分为甜面包、无糖无油面包（面粉类）、起酥面包、特殊面包、艺术面包五类，相关产品都是围绕这五种面包制作进行变形或组合变形的。

烘焙项目不仅要求选手注重质量、关注细节、精通技能，具有适当的知识水平，理解行业标准，还非常注重考核选手的思维能力、应变能力和综合实践能力。该项目考核涉及的知识面广，题目周密严谨，能够全面呈现烘焙技能的创新性、文化性、艺术性，展现了达到烘焙职业国际最高水平所需的知识、理解力和具体技能，反映了全球范围内对烘焙师这一职业的理解。

二、教材转化路径

从世赛项目到世赛教材的转化，主要遵循两条原则：一是教材编写要依据世赛的职业技能标准和评价要求，确定教材的内容和每单元的学习目标，充分体现教材与世界先进标准的对接，突出教材的先进性和综合性；二是教材编写要符合学生的学习特点和教学规律，从易到难，从单一到综合，确定教材的内容体系，建立有利于教与学的教材结构，把世赛的标准、规范融入具体的学习任务。

根据世赛烘焙项目的技能标准与规范，以及该项目的竞赛内容和工作流程，本教材确定了五大基础面包模块，每个模块又划分为多个竞赛产品类型，最终确定了13个面向具体教学情景的典型工作任务。首先通过"情景任务"引导学生以需求为导向，然后依据"思路与方法"引导学生思考使用该技术的原因、方法、目的，接着通过"活动"展现具体产品操作，制定产品技术标准，再在"拓展学习"部分呈现更多的相关信息，以拓宽学生的知识面，最后留下思考题，提醒和引导学生通过更多的渠道和方法提升操作技能。本教材实现了世赛竞赛模块与教材职业能力模块的全面对接，构建了"竞赛模块—职业能力模块—典型工作任务"的教材转化路径，全面落实了世赛烘焙项目的技术标准与规范。教材转化路径如下图所示。

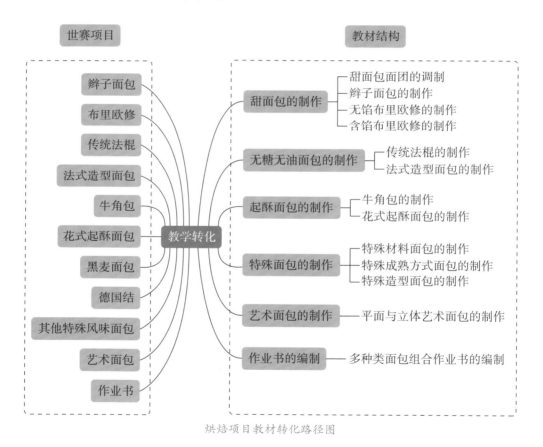

烘焙项目教材转化路径图

目　录

模块一

甜面包的制作

辫子面包和布里欧修是历届世界技能大赛烘焙项目的考核重点，也是世界面包产品的重要组成内容。两者配方、材料类似，产品质地相仿，因此在实践操作中常被划归为甜面包范畴。

　　本模块融合了辫子面包和布里欧修两大产品类型，先从实践操作入手提取出两者的相同点，然后设计了四个典型任务，分别是甜面包面团（Rich Dough）的调制、辫子面包（Braided Bread）的制作、无馅布里欧修（Unstuffed Brioche）的制作和含馅布里欧修（Stuffed Brioche）的制作，这部分内容也为本教材导入了面包制作的基础理论。通过学习四个典型任务的相关知识，你将掌握甜面包相关产品及基础面包制作的实践技能。

图 1-0-1　基础面团的分割

任务 1　甜面包面团的调制

学习目标

1. 能说出制作甜面包面团使用的材料的特点。
2. 能根据面包面团搅拌过程中的特点来判断面团的调制程度。
3. 能正确计算并控制面包面团的调制温度。
4. 能正确制作一般的固体酵种与液体酵种。
5. 能使用直接发酵法与固体酵种法调制面包面团。
6. 能熟知食品加工行业的安全事项，养成良好的食品卫生习惯。

情景任务

店里新入职了一名员工，店长请你为他介绍面团使用材料的特点、面团调制工艺及酵种制作的一般方法。在此过程中，你还需要为新员工讲解面团搅拌的基本原理，使他能够遵守个人及环境的卫生标准与规范，熟练完成甜面包面团的基础搅拌。

思路与方法

调制甜面包面团时，要知道如何根据面包制作的工艺要求，正确地选择与使用材料，并了解酵种这一特殊材料的制作及作用；要知道如何将材料混合成面包面团，使其满足不同的需求，并了解这一过程中面团质地变化的原理及趋势。

一、甜面包面团的特点是什么？

甜面包面团是各类材料混合形成的固态发酵型面团，由于使用的干性、湿性材料占比不同，因此具体的软硬度差别较大。

本任务中的甜面包面团是质地较为适中的面团代表性产品之一，含水量为 58 %～60 %，良好的面团成形状态是不粘手、不干硬，塑形能力较好，表面有光泽，带有奶香。甜面包面团是学习面包制作的入门产品。

想—想

如果一个面包面团太粘手，可能是什么原因造成的？

二、制作甜面包面团使用的材料有哪些？它们的作用分别是什么？

制作面包必须使用面粉、水（可用含水量高的原料代替）、盐、酵母，这四种材料通过正确的搅拌可以搭建出面包面团的基础组织。甜面包在此基础上又添加了鸡蛋、牛奶、黄油等材料，改善了成品的组织及色泽。

1. 面粉

面粉（小麦粉）是制作面包、蛋糕等烘焙产品的基础材料。目前世界上关于面粉的评价标准有两大方向，即灰分含量和蛋白质含量，其中灰分含量与面粉中的矿物质含量有关，在法国等欧美国家是主流评价标准。目前国内有按蛋白质含量来分类的，如高筋面粉、中筋面粉、低筋面粉等；也有按加工精度来分类的，如特制一等粉、特制二等粉、标准粉和普通粉等。小麦蛋白质在经过搅拌后，可形成致密的、充满弹性的网状结构，即面筋，这是面团具有持气能力的必要条件。

本任务中的甜面包面团使用高筋面粉或法国 T45、T55、T65 面粉。

2. 酵母

酵母是制作面包的关键材料之一，是面包面团发酵的主要物质来源。

酵母菌可作为一种生物膨松剂，它是一种微小的单细胞真菌，具有生命特征。它分布于自然界中，属于天然发酵剂，是一种典型的异养兼性厌氧微生物，即在有氧和无氧条件下都能存活。面包发酵就是基于酵母菌的呼吸作用消耗面团中的有机物，从而产生二氧化碳，使面团膨胀并衍生多样风味。

从酵母制作的工艺来看，市场上销售的酵母品种有干酵母（又分为活性干酵母或即发活性干酵母）和鲜酵母，两者之间的区别如下：

第一，相比干酵母，鲜酵母的保质期更短，保存条件更严苛；

第二，相比干酵母，使用鲜酵母制作的面包更具风味；

第三，相比干酵母，鲜酵母的使用量更大。

从酵母适用的糖浓度环境来看，市售酵母品种有高糖型酵母和低糖型酵母。一般情况下，糖/面粉 ≥ 5%～7% 时，适合使用高糖型酵母；糖/面粉 ≤ 5%～7% 时，适合使用低糖型酵母。区间范围均与酵母的生产厂商有关。

本任务中的甜面包面团使用高糖型鲜酵母。

3. 水

水是面团成形的核心原料，水与蛋白质发生化合反应产生面筋是面包持气、成形的基础。水还能发挥溶剂作用，使各种材料充分混合。

在具体操作时，水可以控制面团的温度、黏度，为生物反应提供场所，有助于保持面包的柔软度，减缓面包干硬速度。

4. 盐

面团中的盐能抑制酶的活性，从而抑制酵母菌产气。增减盐的用量可以调节酵母菌的生长和繁殖速度。如果不在面团中加入盐，酵母菌就会繁殖得特别快，导致产气速度与面筋强度不匹配，容易使面团产生破裂或坍塌现象。

盐有助于增强面筋网络结构，增加面筋弹性，同时能改善面包成形时的内部颜色，使其变得更加洁白。此外，盐被称为"百味之源"，不仅能带给食用者咸的口感，还能更好地衬托出其他食材的风味。

由于盐对酵母活性有一定的抑制作用，制作时注意盐与酵母的添加顺序。

5. 鸡蛋

全蛋（含蛋壳）的含水量约为 67%，所以在面包制作中可充当水的替代物。由于蛋黄具有良好的乳化性，因此将油类材料、水类材料充分融合，可以让成品组织更加细腻、疏松，同时保持一定的水分，变得更加柔软。

本任务中使用的鸡蛋作为水的主要替代物，给甜面包面团带来多样风味。

6. 乳制品

乳制品中含有大量的蛋白质，其中酪蛋白和乳清蛋白对烘焙产品制作起着非常重要的作用。酪蛋白可以提高面团的吸水率，酪蛋白含量越高，面团的吸水率就越高；乳清蛋白可以改善面包的发酵组织。此外，乳制品还有抗老化、帮助食品上色等作用。

本任务中使用的乳制品有牛奶、黄油。

7. 糖

糖是酵母菌生长所需的主要能源，适量的糖可以帮助酵母菌生长繁殖，同时给予面包一定的风味。除此之外，残留的糖分存在于面团中，对后期产品上色与膨发都有积极的作用。但因为糖是吸水物质，而面筋形成也需要水分，在面团制作过程中，糖与面筋会互相"争夺"水分，所以加糖后需要延长面团的搅拌时间。

三、面筋形成的基本原理是什么？

面包面团的质地变化主要来源于面团中的小麦蛋白质，蛋白质吸水后会形成具有一定延展性和黏弹性的面筋。

想一想

矿泉水、纯净水、自来水等日常生活中常见的水有什么区别？

想一想

是否可以用鸡蛋完全代替水来制作面包？

小麦蛋白质主要有麦白蛋白（清蛋白）、麦球蛋白、麦胶蛋白和麦谷蛋白四类，总蛋白质含量为 8 %~16 %，其中麦胶蛋白和麦谷蛋白被称为面筋蛋白，多存在于小麦粒的中心部位，占小麦总蛋白质含量约80 %，且不溶于水。在面团搅拌过程中，麦胶蛋白可以提供延展性和较强的黏性，但不具有弹性，麦谷蛋白可以使面团更好地产生弹性，但缺乏延展性。两种蛋白质相连形成巨大的分子，分子之间相互结键形成具有特殊网状结构的面筋组织，使整体产生弹性和延展性。

四、面包面团的调制工艺有哪两种？具体有什么区别？

根据面团制作是否含有预发酵过程，可以将面包面团的调制工艺分为直接发酵法和中种发酵法，也称一次发酵法和二次发酵法。

直接发酵法是指将所有材料搅拌成团，再通过发酵、整形、烘烤等工序使产品成形。中种发酵法是先将配方中的部分材料进行混合、发酵，然后与其他材料混合搅拌，形成面包面团，再通过各种工序使产品成形。两种发酵法的对比如下表所示。

表 1-1-1　两种发酵法的对比

调制工艺	基本流程	优点	缺点
直接发酵法	搅拌，基础发酵，分割，预整形，中间醒发，整形，最后发酵，烘烤	（1）能展现食材最原始的风味，控制面包口味较容易；（2）制作时间相对较短	（1）面团面筋组织比较脆弱，制作造型较受限制；（2）风味较单薄
中种发酵法	预处理搅拌，预发酵，主面团搅拌，基础发酵，分割，预整形，中间醒发，整形，最后发酵，烘烤	（1）能延缓面包的老化速度；（2）使面包面团的延展性更好，面团面筋组织不易受到损伤；（3）能产生独特的风味	（1）制作时间长；（2）过程中可能会产生有害杂菌

五、制作面包面团常见的酵种有哪些？

面包面团在正式搅拌前，经过预处理可形成一种发酵种，能赋予面包不同的风味。根据制作工艺、风味作用的不同，常见的发酵种有以下几种。

一是一般酵种（固体酵种与液体酵种），以面粉、水、酵母等为主要材料，通过不断续养的方式形成风味稳定的种（固体、液体均可），之后可作为材料参与面包面团的直接制作,方便快捷。

二是中种,先将配方中的面粉、水、酵母进行混合搅拌,然后在特定环境下发酵一段时间,形成中种面团,再与剩余的其他材料混合,形成面包面团(主面团)。

三是酸种,也就是使用裸麦粉和水制作的发酵种,其中伴随着乳酸菌发酵和酒精发酵,风味独特,是较为特殊的酵种之一。

四是自制酵种,也称为天然酵母,以果实、蔬菜等食材的天然菌种来制作发酵物,区别于一般酵种以工业生产的酵母产品来提供发酵动力,是较为传统的酵种养殖方法,风味多变。

六、酵种在面包制作中的作用是什么?

酵种制作有一个预发酵过程,面团中的微生物可以充分生成发酵物,包括酵母菌、乳酸菌、醋酸菌等,使面包形成浓郁的风味。

酵种的预发酵过程能帮助淀粉吸收更多的水分,同时有助于面筋的生成,提高面团的含水量,最终可提高面包的柔软度,增强面包的抗老化能力。

当酵母有了前期发酵过程后,制作者可以减少后期制作的发酵时间与主面团制作的整体时间,再结合现代冷藏、冷冻工具,灵活地掌握发酵节奏,从而有更大的发挥空间。

七、酵种制作中常用的材料有哪些?

1. 黑麦面粉

黑麦面粉中不仅含有酵母菌,还含有一定量的乳酸菌,酵母菌与乳酸菌具有协同代谢的作用,在酵种培养过程中有助于产生更多有益物质。此外,还可以用全麦面粉或不含添加剂的面粉来制作酵种。切记不要用预拌粉来制作酵种,那样会产生很多无益的杂菌。

2. 蜂蜜

蜂蜜是酵种中酵母菌发酵的主要能源,含糖量较高,内部的杂菌也较少。作为天然食品,蜂蜜还给面团提供了更多益处。

3. 水

需要使用可以直接饮用的水,如白开水,不能使用自来水(杂菌过多)。使用前应先测量水温,使水温保持在约 40℃,如图 1-1-1所示。

想—想

为什么要使水温保持在约40℃?

图 1-1-1　测量水温

八、面包面团调制温度有哪些具体要求及控制方法?

面团成团温度会直接影响发酵效果,继而影响面包质量。所以经过搅拌后,面包面团温度宜控制在25℃～28℃。温度太低,发酵慢,容易造成发酵不足,成品体积小,风味不佳;温度太高,发酵快,容易造成发酵过度,成品塌陷,酸味强。

为将成团温度控制在适宜范围内,制作者需要考虑材料温度、环境温度,以及搅拌过程中机械摩擦产生的温度。

1. 机械摩擦温度的计算方法

如果你不知道机械摩擦温度,可根据以下公式求出。

(1)直接发酵法面团

机械摩擦温度＝(搅拌后面团温度×3)–(室温＋面粉温度＋水温)

(2)中种发酵法面团

机械摩擦温度＝(搅拌后面团温度×4)–(室温＋面粉温度＋水温＋酵种温度)

2. 材料温度的计算方法

在已知机械摩擦温度、环境温度的情况下,可根据以下公式求出所需材料的温度。以水温计算为例。

(1)直接发酵法面团

适用水温＝(理想面团温度×3)–(室温＋面粉温度＋机械摩擦温度)

(2)中种发酵法面团

适用水温＝(理想面团温度×4)–(室温＋面粉温度＋酵种温度＋机械摩擦温度)

 **活动**

活动一：固体酵种（Solid Fermentation）与液体酵种（Liquid Fermentation）的制作

1. 主酵种制作（第一天）

配方：黑麦面粉 100 g、水（40℃）130 g、蜂蜜 4 g

制作过程：先将所有材料倒入盆中，用搅拌球或刮刀混合均匀至无面粉颗粒。然后将混合后的材料装入盛器中，用保鲜膜密封，放置在温度为 30℃ 的环境中发酵 24 h。如图 1-1-2 所示。

提示

为避免产生杂味，不要使用含有添加剂的面粉来制作酵种。

（1）

（2）

图 1-1-2 主酵种制作

注意事项

黑麦面粉虽然含有很多营养物质和矿物质，但杂菌较多，不宜大量地、不间断地、长时间地使用，而且黑麦易使酵种发酸。

2. 一次续种（第二天）

配方：传统 T65 面粉 200 g、主酵种 234 g、水（40℃）40 g

制作过程：先将所有材料倒入盆中，用刮刀混合均匀至无面粉颗粒。然后将混合后的材料装入盛器中，用保鲜膜密封，放置在温度为 30℃ 的环境中发酵 24 h。如图 1-1-3 所示。

提示

一次续种时更换了面粉。

（1）

（2）

（3）

图 1-1-3 一次续种

3. 二次续种（第三天）

配方：传统 T65 面粉 200 g、一次酵种 200 g、水（40℃）100 g

制作过程：先将所有材料倒入盆中，用刮刀混合均匀至无面粉颗粒。然后将混合后的材料装入盛器中，用保鲜膜密封，放置在温度为 30℃ 的环境中发酵 24 h。如图 1-1-4 所示。

（1）　　　　　　　　（2）

（3）　　　　　　　　（4）

图 1-1-4　二次续种

4. 三次续种（第四天）

配方：传统 T65 面粉 200 g、二次酵种 200 g、水（40℃）100 g

制作过程：先将所有材料倒入盆中，用刮刀混合均匀至无面粉颗粒。然后将混合后的材料装入盛器中，用保鲜膜密封，放置在温度为 15℃ 的环境中发酵 24 h。如图 1-1-5 所示。

提示

随着酵种培养的深入，储存的温度有所变化。这与酵种培养的主要目的有关。前期以培养酵母菌数量为主，所以温度需要保持在适合酵母菌生长的环境，刺激酵母菌大量生长。后期的主要目的是维持酵母菌数量，使酵种内部环境逐渐趋于稳定，风味更佳。

（1）　　　　　　　　（2）

（3）　　　　　　　　（4）

图 1-1-5　三次续种

5. 酵种成活（第五天）

（1）固体酵种

配方：传统 T65 面粉 400 g、三次酵种 200 g、水（40℃）200 g

制作过程：先将所有材料倒入盆中，用刮刀混合均匀至无面粉颗粒。然后将混合后的材料装入盛器中，用保鲜膜密封，放置在温度为 10℃的环境中发酵 24 h，即可用于面包制作。如图 1-1-6 所示。

想一想

使用固体酵种与液体酵种的区别是什么？

（1）　　　　　　　　（2）　　　　　　　　（3）

图 1-1-6　固体酵种制作

（2）液体酵种

配方：传统 T65 面粉 400 g、三次酵种 200 g、水（40℃）400 g

制作过程：先将所有材料倒入盆中，用刮刀混合均匀至无面粉颗粒。然后将混合后的材料装入盛器中，用保鲜膜密封，放置在温度为 10℃的环境中发酵 24 h，即可用于面包制作。如图 1-1-7 所示。

（1）　　　　　　　　　　　（2）

（3）　　　　　　　　　　　（4）

图 1-1-7　液体酵种制作

活动二：甜面包面团的调制

调制工艺为直接发酵法或固体酵种法（中种发酵法的一种）。

1. 配方

想—想

两种配方的区别是什么?

表 1-1-2　直接发酵法配方

材料	烘焙百分比	用量
T45 面粉	100 %	250 g
食盐	2 %	5 g
细砂糖	20 %	50 g
鲜酵母	4 %	10 g
牛奶	45 %	112.5 g
全蛋	20 %	50 g
黄油	20 %	50 g

表 1-1-3　固体酵种法配方

材料	烘焙百分比	用量
T45 面粉	100 %	250 g
食盐	2 %	5 g
细砂糖	20 %	50 g
鲜酵母	4 %	10 g
牛奶	45 %	112.5 g
全蛋	20 %	50 g
黄油	20 %	50 g
固体酵种	20 %	50 g

注意事项

烘焙百分比又称材料百分比,即根据面粉的用量来推算其他材料所占的比例。在具体实践中,一般先将配方中面粉的用量设为 100 %,配方中其他材料的百分比是相对于面粉的多少而定的。

某材料的烘焙百分比 = 某材料实际用量 / 面粉用量 × 100 %

想—想

调节温度的方式有哪些?

2. 甜面包面团的材料准备

(1)材料测温

先使用温度计精确测量面粉、全蛋、牛奶等材料温度,再根据环境条件、机械条件对材料温度进行调节。甜面包面团成团的最佳温度为26℃，环境温度设置为26℃，面粉温度为24℃，本次制作使用的设备机械摩擦温度为20℃，根据公式计算如下：

适用水温＝（26℃×3）－（26℃＋24℃＋20℃）=8℃

本次制作水的替代物是牛奶和全蛋，需要将两者温度调节至8℃，如图1-1-8所示。

提示

摄氏度与华氏度的换算公式为℃=（℉-32）×5／9 或 ℉ =（℃×9/5）+32。

图 1-1-8　调节液体材料的温度

（2）材料称量与存放

先根据产品配方，用电子秤准确称量产品重量。然后将各类材料单独存放，避免互相污染。根据材料测温的结果，使各类材料保持在合适的待搅拌温度，有低温需求的可用保鲜膜密封保存在冰箱内。

由于糖、盐等材料会对酵母菌的渗透压产生作用，影响酵母菌的活性，因此搅拌前必须分开存放，尽量不要使酵母与其他材料有直接接触。

3. 甜面包面团的搅拌

先将除黄油以外的材料放入搅拌缸中搅拌至面筋扩展阶段，然后加入黄油，继续搅拌至面筋完全扩展阶段。甜面包面团材料的添加顺序如下表所示。

表 1-1-4　甜面包面团材料的添加顺序

顺序	材料名称	说明
1	面粉	一般选择蛋白质含量较高的白色面粉；搅拌前加入
2	糖	一般选择蔗糖类制品，也可辅助使用麦芽系列糖制品；搅拌前加入
3	盐	选择细颗粒盐；搅拌前加入，避免与酵母类产品接触

（续表）

顺序	材料名称	说明
4	蛋液	选择新鲜蛋液；搅拌前加入
5	牛奶	一般选择纯牛奶；搅拌前加入
6	酵母/酵种	一般选择鲜酵母；搅拌前后加入均可，避免与糖和盐直接接触
7	黄油	一般选择无盐黄油；加入时机与用量有关，一般量多在后期加入，量少在前期加入 本次制作采用"后加油"，即当面团搅拌至扩展阶段时加入黄油，避免因过早加入延长搅拌时间

根据面团形成过程中弹性和延展性的变化，搅拌过程一般可分为六个阶段，即材料混合阶段、面筋形成阶段、面筋扩展阶段、面筋完全扩展阶段、搅拌过度阶段、面筋破坏阶段。

以甜面包面团的搅拌为例，可通过简单拉伸与拉薄膜的方式来观察与判断面团的搅拌状态。

（1）拉伸变化

在搅拌过程中取出适量面团，双手均匀用力，将面团向两边拉伸。随着搅拌的深入，面团的拉伸长度从短到长，再从长到短。其中，面筋完全扩展阶段与搅拌过度阶段的面团被拉伸至最长，且长度相当。但由于在搅拌过度阶段拉伸面团下坠力十分大，断裂趋势明显，因此面筋完全扩展阶段的面团性质最佳。

一是材料混合阶段。搅拌刚开始，面粉颗粒明显，拉伸易断、不长，表面不均匀，不适宜制作任何烘焙产品，如图1-1-9所示。

想一想

导致面筋发生一系列变化的原因可能是什么？

图1-1-9　材料混合阶段的面团拉伸状态

　　二是面筋形成阶段。搅拌初期，面团有了一定的光泽度，可以拉伸至一定的长度，表面不均匀，不适宜制作面包类产品，如图 1-1-10 所示。

图 1-1-10　面筋形成阶段的面团拉伸状态

　　三是面筋扩展阶段。搅拌中期，面团的拉伸长度进一步变长，表面色泽水润，有部分呈薄膜状，如图 1-1-11 所示。甜面包面团搅拌时，一般可在此阶段加入黄油。

提示

黄油对面筋形成有一定的阻碍作用。

图 1-1-11　面筋扩展阶段的面团拉伸状态

注意事项

　　如果配方中的水性材料或乳脂性材料较多，就需要考虑黄油后加法，这样可以进一步缩短搅拌时间。如果配方中的油脂类材料较少，也可以在搅拌前期加入，少量的油脂对整体搅拌产生的影响并不大。

　　四是面筋完全扩展阶段。面团的拉伸长度进一步变长，厚度均匀，不易断，如图 1-1-12 所示。多数面包产品都是由此阶段的面团制作而成的。

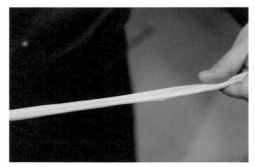

图 1-1-12　面筋完全扩展阶段的面团拉伸状态

五是搅拌过度阶段。面团的拉伸长度由长变短，下坠力大，断裂趋势明显，表面有起水的趋势，如图 1-1-13 所示。此阶段的面团已经搅拌过度，持气能力下降，不再适宜直接用于面包制作。

图 1-1-13　搅拌过度阶段的面团拉伸状态

想—想

搅拌过度阶段和面筋破坏阶段的面团是否有其他用处？

六是面筋破坏阶段。面团拉伸时会断裂，表面开始变得不均匀，不适宜制作面包，如图 1-1-14 所示。

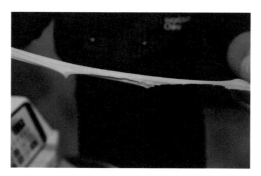

图 1-1-14　面筋破坏阶段的面团拉伸状态

（2）筋膜变化

在搅拌过程中取出适量面团，双手均匀用力，将面团抻出薄膜。随着搅拌的深入，面团从不能抻出薄膜到能抻出薄膜，再到不能抻出薄膜，薄膜的状态从厚至薄再至厚，最后甚至不成形。从实践中可以看出，面筋完全扩展阶段的面筋薄膜最佳。

一是材料混合阶段。面团没有产生筋膜，如图 1-1-15 所示。

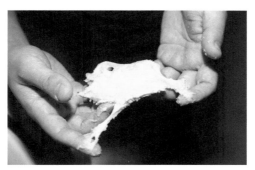

图 1-1-15　材料混合阶段的面团筋膜状态

二是面筋形成阶段。面团开始产生筋膜，但筋膜十分不均匀，如图 1-1-16 所示。

图 1-1-16　面筋形成阶段的面团筋膜状态

三是面筋扩展阶段。面团筋膜变得均匀且较薄，但易破并形成孔洞，孔洞边缘呈不规则锯齿状，如图 1-1-17 所示。一般可在此阶段加入黄油。

图 1-1-17　面筋扩展阶段的面团筋膜状态

四是面筋完全扩展阶段。面团筋膜进一步变得均匀，能看清手指纹，不易破，如图 1-1-18 所示。

图 1-1-18　面筋完全扩展阶段的面团筋膜状态

想—想

为什么此阶段的面团不适宜制作面包？

五是搅拌过度阶段。面团筋膜变得更加透明，但非常脆弱，如图 1-1-19 所示。

图 1-1-19　搅拌过度阶段的面团筋膜状态

六是面筋破坏阶段。面团筋膜变得不均匀，一拉就破，如图 1-1-20 所示。

图 1-1-20　面筋破坏阶段的面团筋膜状态

4. 基础发酵

取出面筋完全扩展阶段的面团，整形成光滑的块状，盖上保鲜膜，放置在室温（26℃）下基础发酵 40 min。基础发酵前的面团如图 1-1-21 所示。

图 1-1-21　基础发酵前

 总结评价

1. 依据世界技能大赛相关评分细则，本任务的评分标准详见下表，总分为 10 分。

表 1-1-5　任务评价表

分项名称	类型	评价项目	评分标准	分值	得分
职业素养	客观	环境及个人卫生	地板、操作台等空间环境及个人卫生（包括工服）干净，得1分；存在任何不合规现象，计0分	2	
	主观	材料称量	正确使用测温工具、称量工具处理相关材料，得2分；过程中存在测温或称量不准，以及浪费、材料储存不当、器具使用不当的行为，计0分	2	
	主观	材料混合	材料添加顺序正确，混合过程中保持清洁，得2分；酵母等材料混合不当，或添加过程中存在浪费、造成卫生隐患的行为，计0分	2	
产品制作	主观	面团成形、质地正确	面团达到面筋完全扩展阶段，得2分；未达到或搅拌过度，计0分	2	
	客观	面团成形、温度良好	成形后的面团温度为25℃～28℃，得2分；不在此温度区间，计0分	2	

2. 操作要点总结如下表所示。

表 1-1-6　操作要点

准备	材料基本处理、温度调节等
基础搅拌	面筋完全扩展阶段
成团温度	26℃

 拓展学习

通过观察搅拌缸缸壁来判断面团质地

在面团的六个搅拌阶段，各类材料的状态可以简述为"吸水前、吸水中、吸满水、脱水"，观察这一过程中面团与缸壁的粘连状态也是判断面团质地的一种方法。

在面粉等材料开始大规模吸水前，缸壁上通常还粘有干粉；吸水中的材料形成面筋网络，产生弹性、延展性、黏性、韧性，所以面团部分组织开始粘连在缸壁上；吸满水后的面团黏性下降，开始脱离缸壁，弹性和延展性也大大提高，面筋网络强度增大，此时即便加入水分，也能很好地融入面筋网络；当面团过度搅拌后，面筋网络开始"崩塌"，内部锁住的水分慢慢向外释放，面团表面会产生水光，同时出现类似面团坍塌在缸底的"泄"状现象。具体变化如下表所示。

表 1-1-7　面团在搅拌缸内的变化

顺序	阶段	说明	状态
1	材料混合阶段	缸壁上还粘有面粉，因含有鸡蛋成分较多，面团呈黄色	
2	面筋形成阶段	缸壁有变光滑的趋势，面团表面呈现光亮感，并开始"变白"	

（续表）

顺序	阶段	说明	状态
3	面筋扩展阶段（加入黄油）	缸壁变得更光滑，面团变得更紧实	
4	面筋完全扩展阶段	黄油加入后，与扩展阶段的面团混合，缸内从不光滑变得光滑，面团表面变得更有光泽	
5	搅拌过度阶段	面团开始坍塌，面团组织粘连在缸壁上，面团表面发黄、出油，缸壁经过摩擦明显升温	
6	面筋破坏阶段	面团已经坍塌，缸壁经过摩擦温度变得更高，缸内出现酸败味，面团发黄，表面出油	

　　含油类面团因搅拌材料复杂，搅拌时间较长，进入搅拌过度阶段和面筋破坏阶段的时间也会延长。由于这一过程中面团的温度是明显升高的，因此可以在缸壁外侧用冷毛巾进行降温，以防止过高的温度对面团发酵造成不良影响。

思考与练习

　　1. 请简要阐述面团质地（弹性、延展性等）在搅拌过程中的变化。

　　2. 如何快速制作一种面包酵种？

　　3. 技能训练：本任务中的甜面包面团搅拌采用"后加油"（黄油后期加入）的方法，请使用"前加油"（黄油初期加入）的搅拌方法制作甜面包面团，并记录搅拌时间及状态，体会两者之间的不同。

任务 2　辫子面包的制作

学习目标

1. 能制作不同股数的辫子面包。
2. 能结合辫子面包的评分标准来评价面包的质量。
3. 能运用正确的方法保藏面包。
4. 能注重面包制作流程的细节,自觉遵守面包制作的规程。

情景任务

　　在上一任务中,你已经教新员工掌握了甜面包面团的搅拌技巧。在此基础上,你还需要介绍面包制作的基本工序及要点,并通过实践操作让新员工懂得面包面团整形、烘烤的操作要点及意义,掌握多款辫子面包产品的成品要求。

思路与方法

　　在完成基础搅拌后,就可以进入具体的面包整形、发酵、烘烤等工序了,在此过程中要知道辫子面包的编制整形技巧、上色方法等,同时掌握对应的工序要点。

一、面包制作的基本工序有哪些?

想一想

面包制作的基本工序中可能会用到哪些设备和工器具?

表 1-2-1　面包制作的基本工序、主要目的及注意要点

基本工序	主要目的	注意要点
预处理 (含酵种制作)	使材料在混合之前达到使用的最佳状态	遵守食品安全法,保持食材新鲜卫生,无杂菌产生
搅拌	建立合适的面筋网络结构	知道材料的加入时机与方法,正确把控面团状态

（续表）

基本工序	主要目的	注意要点
基础发酵	酵母菌大量繁殖，使面团充气	对温度、时间、湿度的把握
分割、预整形	建立面筋网络"新秩序"	细节标准，动作迅速
中间醒发	等待面筋松弛，使面团恢复至最佳状态	时间不宜过长
整形	确定面包模样，建立内部组织的"最终秩序"	细节标准，动作迅速
最后发酵	体积膨胀，产生更多的酵香味	对温度、时间、湿度的把握
烘烤	烘烤，定形，上色	烤前装饰、温度、时间
出炉	或食用，或售卖，或储存	保存、切割、烤后装饰、食用方式

二、影响辫子面包成形的主要因素有哪些？

一是辫子面团的质地。辫子面团的水分主要来自牛奶与全蛋，干湿性材料比例适中，成形面团软硬度适中，不粘手，延展力较好，拉伸时厚度均匀，不易断。不适宜的面团质地会影响造型进度与难度，严重时还会导致制作者无法进行整形操作。

二是编制整形技巧。辫子面包的编制方法是多样的，编制时要注意技法与整体美观度，以及面团弯曲折叠的选取点，避免因乱编导致成品畸形不对称、花纹不正确。

三是最后发酵。最后发酵不足或过度，会影响辫子面团的体积大小，也易造成烘烤后面包表面龟裂。

三、制作辫子面包时的整形技法有哪些？

1. 准备过程

（1）将松弛好的面团放于桌面，手掌张开，用掌心部位将面团按压成扁平状，如图 1-2-1 所示。

想一想

还有哪些因素可能导致辫子面包成形不标准？

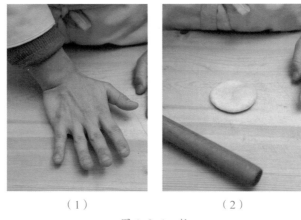

（1） （2）

图1-2-1 按

（2）用擀面杖将面团擀成面皮状，如图1-2-2所示。

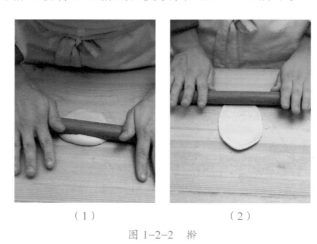

（1） （2）

图1-2-2 擀

（3）将面皮一端拉开，与桌面平行，再从上端往底端卷去，如图1-2-3所示。

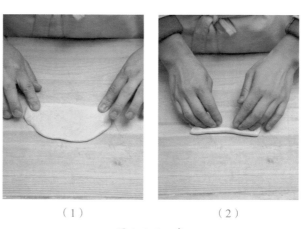

（1） （2）

图1-2-3 卷

（4）双手张开，放在条状面团中心处，上下滚动面团，并往两边均匀用力、延伸，使条状面团均匀变长至所需长度，如图 1-2-4 所示。

提示

准备过程中应动作迅速，待整形的面团表面要盖上保鲜膜。

（1）　　　　　　　　　（2）　　　　　　　　　（3）

图 1-2-4　搓

2. 编制过程

（1）单根面团的编制需要确定一个顶端，另一端带起整条面团绕转回折，形成 8 字形，活动的一端穿过圆环形成一股辫，如图 1-2-5 所示。

（1）　　　　　　　（2）　　　　　　　（3）

图 1-2-5　一股辫的编制

（2）多股辫采用条状面团不断交织的方法编制成形，一般是一端固定，另一端活动。三股辫的单向编制如图 1-2-6 所示。

（1）　　　　（2）　　　　（3）　　　　（4）　　　　（5）

图 1-2-6　三股辫的编制（单向）

对于特别长的辫子面团，可以采用在中间固定、上下同时编的方法进行整形，如图 1-2-7 所示。

想—想

是否可以多向（超过双向）同时进行编制？这样做又会出现什么形状呢？

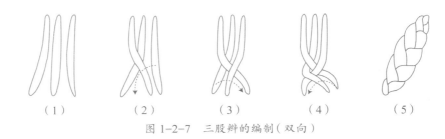

（1） （2） （3） （4） （5）

图 1-2-7 三股辫的编制（双向）

四、辫子面包的保藏方法有哪些？

想一想

为什么低温能
抑制微生物的
繁殖？

　　面包烘烤完成后，一般用于直接售卖，若需要长时间储存，建议低温保藏，即冷藏。作为保藏食品的一种方法，冷藏并不会杀死微生物，仅仅是抑制了它们的繁殖。冷藏温度越低，食品保存时间越长。冷藏室温度一般应控制在 1℃～7℃，短时间内可以阻止食品腐烂。

　　食品在食用前也可以冷冻保藏。多数冷冻食品在 -17℃ 条件下可以保存储藏 1 年，在 -28℃ 条件下可以保存储藏 2 年。但需要注意的是储存空间要干净、无异味，食品应密封包装，避免造成污染。

 活动

活动一：一股辫（Single Strand Braid）制作

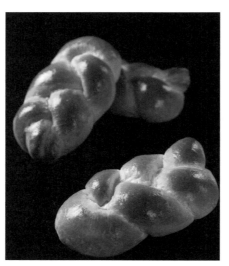

图 1-2-8 一股辫面包成品图

面团用量：577.5 g
制作数量：9 个

1. 配方

配方比例参照本模块任务 1 的活动二。

2. 制作过程

（1）先将除黄油以外的材料放入搅拌缸中搅拌至面筋扩展阶段，然后加入黄油，继续搅拌至面筋完全扩展阶段，如图 1-2-9 所示。

（1）　　　　　　　　　　（2）　　　　　　　　　　（3）

图 1-2-9　搅拌

（2）取出面团，整形成光滑的块状，盖上保鲜膜，放置在室温（26℃）下基础发酵 40 min，如图 1-2-10 所示。

（3）用切面刀将大面团分割成若干个 60 g 的小面团，如图 1-2-11 所示。

图 1-2-10　基础发酵　　　　　图 1-2-11　分割

（4）将面团放于操作台，手掌覆盖在上面，通过手掌的虎口运动带动面团移动，做滚圆动作，使面团表面光滑，如图 1-2-12 所示。

（5）盖上保鲜膜，放置在室温（26℃）下松弛 15 min。将面团擀开，从上至下卷成条形，如图 1-2-13 所示。盖上保鲜膜，放置在冰箱冷藏，松弛 10 min。

想—想

是否可以双手同时做滚圆动作？

提示

预整形过程中
应动作迅速。

图 1-2-12　预整形

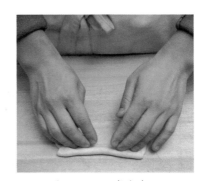

图 1-2-13　卷成条形

提示

一股辫选取的
弯折节点不恰
当会导致辫子
面包成形不标
准。

（6）先将面团搓长至约 40 cm，横放在台面上，大致分成 3 段，轻轻按压出节点。然后将一端固定，另一端弯折按压在最近的一个节点上，形成一个圆环。接着拾起另一端穿过圆环，放在一旁。再将圆环反扭，使下端又形成一个小圆环。最后将放在一旁的一端绕过小圆环，并将端头按压在圆环上。如图 1-2-14 所示。

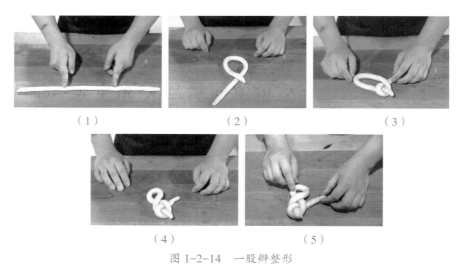

（1）　　　　　　　　（2）　　　　　　　　（3）

（4）　　　　　　　　（5）

图 1-2-14　一股辫整形

（7）放入醒发箱，以温度 28℃、湿度 80 %，发酵 60 min。最后发酵前的面团如图 1-2-15 所示。

图 1-2-15　最后发酵前

（8）在表面刷上全蛋液，如图 1-2-16 所示。以上火 200℃、下火 190℃，入炉烘烤 10～12 min，并根据上色情况转盘烘烤，最后出炉震动盘子（俗称震盘）即可。

提示

如果面团内部组织较粗糙，可能有以下几方面原因：一是使用的面粉蛋白质含量较低（筋力不高）；二是搅拌时速度过快、时间过长；三是最后发酵时间过长、温度过高。

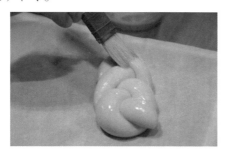

图 1-2-16　烤前刷蛋液

活动二：五股辫（Five Strand Braid）制作

面团用量：1600 g
制作数量：5 个

图 1-2-17　五股辫面包成品图

1. 配方

配方比例参照本模块任务 1 的活动二。

2. 制作过程

步骤（1）~（5）参照活动一"一股辫制作"。（本次分割面团重量为 64 g）

（6）先将面团搓长至约 38 cm。然后取 5 条面团，将其中一端相交于一点，另一端往外散开。从左起将面团所在位置依次标记为 1 至 5 号。接着将现 5 号位面团提起放置在 2 号位上，将现 1 号位面团提起放置在 3 号位上，再将现 2 号位面团与 3 号位面团相交一次，互换位置。重复三个步骤，将面团编制完成。如图 1-2-18 所示。

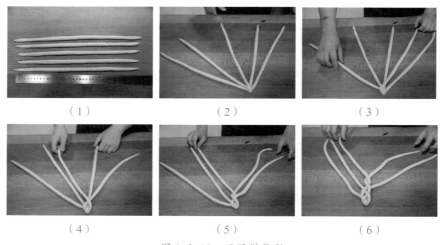

（1）　　　　　　　　　（2）　　　　　　　　　（3）

（4）　　　　　　　　　（5）　　　　　　　　　（6）

图 1-2-18　五股辫整形

提示

收尾接口可藏
在面团底部。

（7）将四端捏紧收尾，放入醒发箱，以温度 28℃、湿度 80 %，发酵 60 min。最后发酵前的面团如图 1-2-19 所示。

图 1-2-19　最后发酵前

（8）在表面刷上全蛋液，如图 1-2-20 所示。以上火 190℃、下火 180℃，入炉烘烤 15～17 min，并根据上色情况转盘烘烤，最后出炉震盘即可。

图 1-2-20　烤前刷蛋液

活动三: 六股辫 (Six Strand Braid) 制作

面团用量: 1590 g
制作数量: 5 个

图 1-2-21 六股辫面包成品图

1. 配方

配方比例参照本模块任务 1 的活动二。

2. 制作过程

步骤 (1) ~ (5) 参照活动一 "一股辫制作"。(本次分割面团重量为 53 g)

(6) 先将面团搓长至约 38 cm。然后取 6 条面团,将其中一端相交于一点,另一端往外散开。从左起将面团所在位置依次标记为 1 至 6 号。接着将现 1 号位面团与 6 号位面团相交一次,互换位置,再将现 1 号位面团提起放置在 3 号位上,将现 5 号位面团提起放置在 1 号位上,将现 6 号位面团提起放置在 4 号位上,将现 2 号位面团提起放置在 6 号位上。重复四个步骤,将面团编制完成。如图 1-2-22 所示。

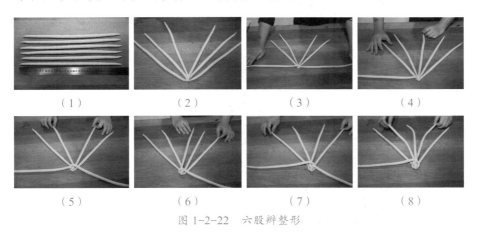

(1) (2) (3) (4)

(5) (6) (7) (8)

图 1-2-22 六股辫整形

收尾接口可藏
在面团底部。

（7）将四端捏紧收尾，放入醒发箱，以温度28℃、湿度80 %，发酵
60 min。最后发酵前的面团如图1-2-23所示。

图1-2-23　最后发酵前

（8）在表面刷上全蛋液，如图1-2-24所示。以上火190℃、下火
180℃，入炉烘烤15 ～ 18 min，并根据上色情况转盘烘烤，最后出炉震
盘即可。

图1-2-24　烤前刷蛋液

活动四：七股辫（Seven Strand Braid）制作

图1-2-25　七股辫面包成品图

面团用量：945 g
制作数量：3 个

1. 配方

配方比例参照本模块任务 1 的活动二。

2. 制作过程

步骤（1）~（5）参照活动一"一股辫制作"。（本次分割面团重量为 45 g）

（6）先将面团搓长至约 38 cm。然后取 7 条面团，将其中一端相交于一点，另一端往外散开。从左起将面团所在位置依次标记为 1 至 7 号。接着将现 7 号位面团提起放置在 6 号位上，将现 4 号位和 5 号位面团同时提起放置在 5 号位和 6 号位上，将现 3 号位和 4 号位面团同时提起放置在 2 号位和 3 号位上。重复三个步骤，将面团编制完成。如图 1-2-26 所示。

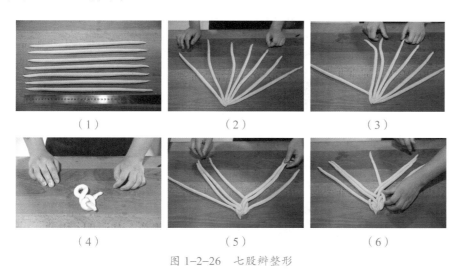

（1）　　　　　　　　（2）　　　　　　　　（3）

（4）　　　　　　　　（5）　　　　　　　　（6）

图 1-2-26　七股辫整形

（7）将四端捏紧收尾，放入醒发箱，以温度 28℃、湿度 80 %，发酵 60 min。最后发酵前的面团如图 1-2-27 所示。

图 1-2-27　最后发酵前

（8）在表面刷上全蛋液，如图 1-2-28 所示。以上火 190℃、下火 180℃，入炉烘烤 16 ~ 18 min，并根据上色情况转盘烘烤，最后出炉震盘即可。

提示

收尾接口可藏在面团底部。

提示

如果面包烘烤后风味不佳，可能有以下几方面原因：一是原材料选用不佳；二是发酵时间不够；三是发酵时间过长；四是生产过程中被污染。

图 1-2-28　烤前刷蛋液

活动五：温斯顿结（Winston Knot Braid）制作

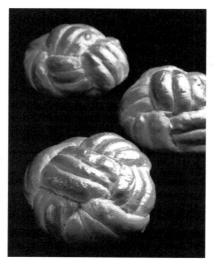

面团用量：1080 g
制作数量：4 个

图 1-2-29　温斯顿结成品图

1. 配方

配方比例参照本模块任务 1 的活动二。

2. 制作过程

步骤（1）~（5）参照活动一"一股辫制作"。（本次分割面团重量为 45 g）

提示

面团尾端要捏紧，避免松散。

（6）先将面团搓长至约 60 cm。然后取 6 条面团，每 3 条为一组，两组呈 X 形摆放，相交垂直。将右上角一端围绕交叉点向左下方弯折，从左起将每组面团所在位置依次标记为 1 至 4 号。接着将现 1 号位面团与 2 号位面团相交（2 号位面团在上方），前者落在 3 号位上，后者落在 1 号位上。再将现 4 号位面团搭在 3 号位面团上，交换位置。重复两个步骤，将面团编制完成。最后将尾端往顶端部位弯折卷起。如图 1-2-30 所示。

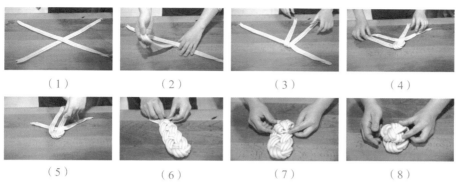

| （1） | （2） | （3） | （4） |

| （5） | （6） | （7） | （8） |

图 1-2-30　温斯顿结整形

（7）修整外观，使整体更圆。放入醒发箱，以温度 28℃、湿度 80 %，发酵 60 min。最后发酵前的面团如图 1-2-31 所示。

图 1-2-31　最后发酵前

（8）在表面刷上全蛋液，如图 1-2-32 所示。以上火 170℃、下火 170℃，入炉烘烤 22～25 min，并根据上色情况转盘烘烤，最后出炉震盘即可。

提示

转盘是为了使烘烤上色更加均匀，转盘时速度要快。

图 1-2-32　烤前刷蛋液

 总结评价

1. 依据世界技能大赛相关评分细则，本任务的评分标准详见下页表，总分为 10 分。

表 1-2-2 任务评价表

分项名称	类型	评价项目	评分标准	分值	得分
职业素养	客观	环境及个人卫生	地板、操作台等空间环境及个人卫生(包括工服)干净,得1分;存在任何不合规现象,计0分	1	
	主观	安全操作	娴熟且安全地使用工器具,得1分;工器具操作不熟练或个别工器具使用存在安全隐患,计0分	1	
产品制作	客观	产品重量规格	同款产品重量相差不超过10 g,得2分;超过此范围,计0分	2	
	主观	产品外观	技术正确,外观一致且有视觉吸引力,得2分;技术正确且外观一致但不够美观,或技术不正确但看上去美观,得1分;技术不正确,外观不美观,计0分	2	
	主观	产品香气和味道	香气和味道体现出卓越的发酵及黄油风味,得2分;香气和味道不够强烈或过于强烈,发酵平衡,得1分;香气和味道不均衡,令人不悦,计0分	2	
	主观	产品内部组织	非常湿润柔软,呈现出完美的内部组织,得2分;湿润柔软,内部组织一般,得1分;内部组织呈现出发酵不足或烘烤不熟,计0分	2	

2. 操作要点总结如下表所示。

表 1-2-3 操作要点

面团温度	26℃
基础发酵	室温(26℃),40 min
分割	一股辫:60 g/个,1个一组 五股辫:64 g/个,5个一组 六股辫:53 g/个,6个一组 七股辫:45 g/个,7个一组 温斯顿结:45 g/个,6个一组

（续表）

预整形	滚圆
中间醒发（松弛）	室温（26℃），15 min
整形	将面团搓成条形 一、五、六、七股辫：将长条面团编制成辫子形 温斯顿结：将 6 条长条面团编制成团
最后发酵	温度 28℃、湿度 80 %，60 min
烘烤	一股辫：上火 200℃、下火 190℃，10～12 min 五股辫：上火 190℃、下火 180℃，15～17 min 六股辫：上火 190℃、下火 180℃，15～18 min 七股辫：上火 190℃、下火 180℃，16～18 min 温斯顿结：上火 170℃、下火 170℃，22～25 min

 拓展学习

其他辫子面包的制作要领

多股辫的编制应先确定固定点，以此为编制基点，采用不断交叉的方式使多个条形面团形成一个整体。在初期编制确定不松散后，基本可以重复以往的动作，直至完成整体的编制。

1. 八股辫制作

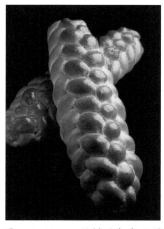

图 1-2-33　八股辫面包成品图

表 1-2-4 八股辫面包操作要点

面团温度	26℃
基础发酵	室温（26℃），40 min
分割	45 g/ 个，8 个一组
预整形	滚圆
中间醒发（松弛）	室温（26℃），15 min
整形	（1）将面团搓长至约 38 cm。取 8 条面团，将其中一端相交于一点，另一端往外散开。从左起将面团所在位置依次标记为 1 至 8 号。将现 1 号位面团与 6 号位面团相交一次，互换位置； （2）将现 1 号位面团提起放置在 4 号位上，将现 7 号位面团提起放置在 1 号位上，将现 8 号位面团提起放置在 5 号位上，将现 2 号位面团提起放置在 8 号位上； （3）重复步骤（2），将面团编制完成 如图 1-2-34 所示
最后发酵	温度 28℃、湿度 80 %，60 min
烘烤	上火 180℃、下火 170℃，18 ~ 20 min

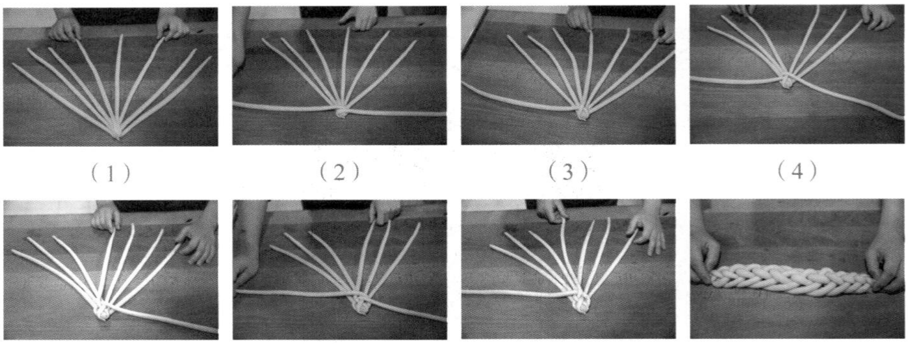

（1）　　　　　（2）　　　　　（3）　　　　　（4）

（5）　　　　　（6）　　　　　（7）　　　　　（8）

图 1-2-34　八股辫整形

2. 九股辫制作

图 1-2-35 九股辫面包成品图

表 1-2-5 九股辫面包操作要点

面团温度	26℃
基础发酵	室温（26℃），40 min
分割	45 g/个，9 个一组
预整形	滚圆
中间醒发（松弛）	室温（26℃），15 min
整形	（1）将面团搓长至约 38 cm。取 9 条面团，将其中一端相交于一点，另一端往外散开。从左起将面团所在位置依次标记为 1 至 9 号； （2）将现 5 号位、6 号位及 7 号位面团看作一个整体，同时提起，与 9 号位面团相交一次，前者落在 6 至 8 号位，后者落在 5 号位；将现 3 号位、4 号位及 5 号位面团看作一个整体，同时提起，与 1 号位面团相交一次，前者落在 2 至 4 号位，后者落在 5 号位； （3）重复步骤（2），将面团编制完成 如图 1-2-36 所示
最后发酵	温度 28℃、湿度 80 %，60 min
烘烤	上火 180℃、下火 170℃，18～20 min

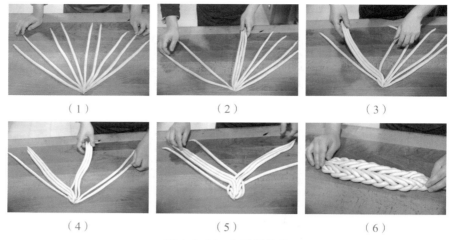

图 1-2-36　九股辫整形

1. 查阅资料,了解辫子面包的历史起源,并思考辫子面包在饮食文化中发挥的作用。

2. 技能训练:请写出三种辫子编制技法的基本模式。

3. 技能训练:请按照本任务介绍的基本方法,练习制作"拓展学习"中的两款产品。

任务3 无馅布里欧修的制作

 学习目标

1. 能合理选配面包模具。
2. 能使用剪刀对面包进行剪口装饰。
3. 能熟练且安全地使用工器具，养成严谨细致的工作习惯。

 情景任务

在上两个任务中，你已经教新员工掌握了用直接发酵法制作面包的基本工序。现在你需要使用酵种制作两款无馅布里欧修，由于其中一款得用模具，因此你还需要通过介绍让新员工了解面包模具的选择标准及作用，掌握布里欧修的特点。

思路与方法

用于制作布里欧修的面团也属于甜面团。区别于辫子面团的直接发酵法，制作布里欧修时采用酵种先进行预发酵，风味会有所不同。另外，本次任务中会用到面包模具，制作前需要了解模具相关知识，掌握挑选模具的方法。

一、布里欧修的特点是什么？

布里欧修是法国传统面包，含油量较高，外皮金黄酥脆，内部超级柔软，常作为点心食用。布里欧修的制作历史相当久远，最初只采用低价的黄油制品、鸡蛋和面粉制成，是一款非常平民的食物，后期经过改良，增加了馅料，配料也日益多样化。原味布里欧修明显有一种黄油的乳脂香味，含馅布里欧修则会带给食用者蛋糕般的享受。在制作布里欧修的过程中，用油量越大，对应的制作难度就越大，口味也越香醇。面团的搅拌是制作布里欧修的重中之重，难点较多，尤其要注意对面团筋度的把控。

想一想

布里欧修面团需要搅拌至哪个阶段？

二、如何选择面包模具？

1. 应选择符合烤箱尺寸的模具

不同的模具具有不同的尺寸，要根据实际环境考虑模具大小，比如烤箱的宽度是否能够承载模具的高度或面包膨胀后的体积。另外，也要考虑烘烤成品量与烤箱、模具之间的关系，计算承载面包的模具一次或一批能烘烤的具体数目，根据产品生产进度进一步选择合适的模具。

2. 应选择符合食品安全标准的模具

面包烘烤需要进行高温处理，如果模具需要与面团一起进炉烘烤，使用的材料应耐高温，耐腐蚀，不产生有害物质，符合食品安全标准。

3. 应选择适宜的模具材质

不同材质的模具在导热效果、耐用性及清洁等方面的表现皆有所不同，了解各种模具材质的特性与优缺点，有助于进一步挑选出合适的模具。

（1）镀铝的不锈钢：这是一种相当常见的模具材质，拥有不锈钢的耐受力、铝的良好导热及防锈特质，质量较重，价格较高，可带防粘涂层，用得越久，脱模越顺手。

（2）马口铁：导热效果佳，烘烤成品着色度较理想，但易生锈且碰伤后会留下痕迹，不便于维护保养。

（3）矽胶：这种模具材质触感柔软，脱模效果佳，易维护清洁，烘烤成品颜色偏白。

（4）钢：很坚固，但放置在空气中很容易被空气氧化。

（5）不锈钢：这是一种常用的模具材质，耐撞，耐氧化，不易串味。

（6）铝：价格较低，若用作模具，内壁较薄，容易变形。

（7）铁：价格合理，容易生锈。

（8）塑料：价格较低，但不易清洗，易变形，不耐热，不耐冷。

（9）耐高温瓷：能长时间保持温度不变，保温效果很好，散热非常差。

（10）耐高温玻璃：若用作模具，内壁较厚，且透明，具有良好的抗热性能。

（11）PTFE：聚四氟乙烯，常被称作"铁氟龙"，附着在金属器具上用以防粘。

（12）各类木材：常见的有竹、木、藤条等，比如将圆藤碗、长藤碗、三角藤碗等用于面包面团的醒发与定形，可形成花纹。

4. 应选择适宜的模具样式

市售模具样式多变，比如经典布里欧修造型所需的模具样式是内壁带有波浪形的碗形，吐司模具则多近似长方体。

当然，制作者也可以根据设计自制模具，但成本偏高。

三、模具清洁与保养有哪些注意要点？

首先，所有模具应有固定存放处，并使用专业工具箱保存。在清洗完成后，需要将模具擦干，防止生锈变形。

其次，木制模具清洗干净后，应放在固定处，保持储存环境干燥，避免出现变形、发霉等情况。

再次，特殊材质的工具或模具需要根据各自的使用说明进行保养和储存。

最后，所有模具需要定期消毒，包括用于储存的盛器。

提示

清洗模具时要使用专用工具，不能使用钢丝球等，避免对模具表面涂层、外形造成破坏。

 活动

活动一：无馅布里欧修制作

面团用量：1205 g
制作数量：24 个

图 1-3-1　无馅布里欧修成品图

1. 配方

表 1-3-1　布里欧修面团配方

材料	烘焙百分比	用量
T55 面粉	100 %	500 g
食盐	2 %	10 g
细砂糖	20 %	100 g

（续表）

材料	烘焙百分比	用量
鲜酵母	4%	20 g
固体酵种	20%	100 g
牛奶	40%	200 g
蛋黄	20%	100 g
黄油	35%	175 g
蛋液（装饰）	/	适量

提示

固体酵种的制作方法参照本模块任务 1 的活动一。

2. 制作过程

（1）先将除黄油以外的材料混合搅拌至面筋扩展阶段，然后分次加入黄油，慢速搅拌至黄油完全融入面团，接着快速搅拌至面筋完全扩展阶段，如图 1-3-2 所示。

（1） （2）

图 1-3-2 搅拌

（2）将温度控制在 22℃～28℃，基础发酵 40 min，如图 1-3-3 所示。

（3）用切面刀将大面团分割成若干个 50 g 的小面团，如图 1-3-4 所示。

图 1-3-3 基础发酵 图 1-3-4 分割

（4）将面团放于操作台，手掌覆盖在上面，通过手掌的虎口运动带动面团移动，做滚圆动作，使面团表面光滑，如图1-3-5所示。

图1-3-5　搓圆

（5）在室温（26℃）下松弛20 min，如图1-3-6所示。

图1-3-6　中间醒发（松弛）

（6）在面团表面轻拍两下，使之稍呈圆形扁平状，双手按住边缘，向中间卷去，使面团呈中间饱满、两头稍细的橄榄形，如图1-3-7所示。

提示

卷起时，要注意保持内部紧实，不能留空隙。

图1-3-7　整形

（7）以温度 30℃、湿度 80 %，发酵至原体积的 1.5 倍大小，如图 1-3-8 所示。

图 1-3-8　最后发酵

（8）在表面刷上全蛋液，然后用剪刀平行剪口，使面团呈尖状，如图 1-3-9 所示。

（1）

（2）

图 1-3-9　装饰

（9）入烤箱，以上火 180℃、下火 230℃，烘烤 15 min，出炉震盘后冷却。

活动二：经典布里欧修（Brioche à tête）制作

面团用量：1205 g
制作数量：24 个

图 1-3-10　经典布里欧修成品图

1. 配方

配方比例参照本模块任务 3 的活动一。

2. 制作过程

步骤（1）~（5）参照活动一"无馅布里欧修制作"。

（6）先将面团搓成梨形。竖起手掌，把小拇指的一侧放在面团中间，然后边搓边往下压，压成左右一大一小两球且不断开。接着将大球连着小球竖着放进模具中，稍稍往下压扁。再用手指压着两球接触的边缘往下压一圈，使小球稳定地处于中间位置。如图 1-3-11 所示。

（1）　　　　　　　　　　（2）

（3）　　　　　　　　　　（4）

图 1-3-11　整形

（7）摆入烤盘，放入醒发箱，以温度 25℃、湿度 85 %，发酵 75 min。最后发酵前后的面团如图 1-3-12、图 1-3-13 所示。

图 1-3-12　最后发酵前　　　　图 1-3-13　最后发酵后

提示

如果使用平炉烘烤，温度要上调 10℃～20℃。

（8）在表面均匀地刷上一层蛋液，入风炉，以 160℃烘烤 15 min，如图 1-3-14、图 1-3-15 所示。

图 1-3-14　烤前刷蛋液　　　　图 1-3-15　烤后脱模

 **总结评价**

1. 依据世界技能大赛相关评分细则，本任务的评分标准详见右页表，总分为 10 分。

表 1-3-2　任务评价表

分项名称	类型	评价项目	评分标准	分值	得分
职业素养	客观	环境及个人卫生	地板、操作台等空间环境及个人卫生（包括工服）干净，得 1 分；存在任何不合规现象，计 0 分	1	
	主观	安全操作	娴熟且安全地使用工器具，得 1 分；工器具操作不熟练或个别工器具使用存在安全隐患，计 0 分	1	
产品制作	客观	产品重量规格	同款产品重量相差不超过 6 g，得 2 分；超过此范围，计 0 分	2	
	主观	产品外观	外观美观且有吸引力、有光泽，得 2 分；形状均匀，外观良好，得 1 分；外观不均匀，烘烤过度或烘烤不足，计 0 分	2	
	主观	产品香气和味道	香气和味道体现出卓越的发酵及黄油风味，得 2 分；香气和味道不够强烈或过于强烈，发酵平衡，得 1 分；香气和味道不均衡，令人不悦，计 0 分	2	
	主观	产品内部组织	非常湿润柔软，呈现出完美的内部组织，得 2 分；湿润柔软，内部组织一般，得 1 分；内部组织呈现出发酵不足或烘烤不熟，计 0 分	2	

2. 操作要点总结如下表所示。

表 1-3-3　无馅布里欧修操作要点

面团温度	26℃
基础发酵	室温（26℃），40 min
分割	50 g/ 个
预整形	滚圆
中间醒发（松弛）	室温（26℃），20 min
整形	将面团卷成橄榄形
最后发酵	温度 30℃、湿度 80 %，至原体积的 1.5 倍大小
烘烤	上火 180℃、下火 230℃，15 min

表 1-3-4　经典布里欧修操作要点

面团温度	26℃
基础发酵	室温（26℃），40 min
分割	50 g/个
预整形	滚圆
中间醒发（松弛）	室温（26℃），20 min
整形	使用布里欧修花形模具塑形
最后发酵	温度 25℃、湿度 85 %，75 min
烘烤	风炉 160℃，15 min

 拓展学习

酵种的循环使用及转换

提示

良好的酵种经
过仔细的续养，
可以使用许多
年，而且用的时
间越长，风味越
醇厚。

　　酵种经过培养，内部环境达到和谐平衡的状态，酵母菌数量也保持在一定的数值。接下来可以此为基础续养酵种，使固体酵种和液体酵种一直保存下去，同时能够相互转换。

　　1. 固体酵种的每日续种

　　配方：T65 面粉 500 g、固体酵种 250 g、水（45℃）250 g

　　制作过程：将所有材料混合均匀，密封并放置在室温下发酵 2～3 h，放入 3℃冰箱中冷藏一夜。

　　2. 液体酵种的每日续种

　　配方：T65 面粉 500 g、液体酵种 250 g、水（45℃）500 g

　　制作过程：将所有材料混合均匀，密封并放置在室温下发酵 2～3 h，放入 3℃冰箱中冷藏一夜。

　　3. 固体酵种与液体酵种之间的转换

　　（1）固体酵种转液体酵种

　　配方：T65 面粉 500 g、固体酵种 250 g、水（45℃）500 g

　　制作过程：将所有材料混合均匀，密封并放置在室温下发酵 2～3 h，放入 3℃冰箱中冷藏一夜。

　　（2）液体酵种转固体酵种

　　配方：T65 面粉 500 g、液体酵种 250 g、水（45℃）250 g

　　制作过程：将所有材料混合均匀，密封并放置在室温下发酵 2～3 h，

放入 3℃冰箱中冷藏一夜。

4. 酵种的保存

　　酵种密封放入冰箱中冷冻可以保存几个月甚至更久，不过这样做有一定的风险。因为酵母菌的生长条件虽然较为宽泛，但在极端条件下还是会发生灭活的。可以将冷冻的酵母菌想象成"深度休眠"，使用之前必须要唤醒它们，最直接的方式就是将温度还原成酵母菌最适宜生长的温度。一旦失败，可以进一步考虑食物"喂养"，即通过添加新材料来逐步恢复酵母菌的活跃程度。

提示

如果"喂养"的方式也未能使冷冻酵种恢复至理想状态，建议重新制作酵种。

 思考与练习

　　1. 查阅资料，了解布里欧修的历史起源，并思考布里欧修流传至今的原因。

　　2. 如果将任务中的固体酵种替换成液体酵种，应如何调整配方？

　　3. 技能训练：请使用不同的切割方法或模具，改变任务中无馅布里欧修的产品样式，出品一款不同造型的无馅布里欧修。

任务4 含馅布里欧修的制作

 学习目标

1. 能使用坚果、奶酪、水果等制作馅料。
2. 能选用正确的方式填充及装饰馅料。
3. 能对面团进行基础调色。
4. 能正确储存馅料成品、半成品、材料等。
5. 能自觉遵守材料的贮藏和运用原则,减少浪费。

 情景任务

在上一任务中,新员工已经掌握了布里欧修面团的制作方法。在此基础上,你需要进一步介绍面团调色与常用馅料的制作方法,让他学会改变布里欧修的造型,制作出含馅料的多类型布里欧修。在此过程中,你还需要提醒新员工关注各类食材的储存方法。

 思路与方法

布里欧修含油量较高,外皮酥脆,内部组织柔软,包容度较高,面包面团常与各种风味材料组合,形成多种样式。由于本次任务中要求制作多色及含馅布里欧修面团,因此需要知道面包面团的基础调色方法,以及制作馅料的常用材料与方法。

一、布里欧修面团调色材料有哪些? 它们又该如何使用?

1. 常见的面团调色材料

在面包制作中,面团调色材料众多,多呈粉末或膏状,常见的有蔬菜粉、谷物粉、水果粉、抹茶制品、巧克力制品、竹炭粉、墨鱼汁粉、红曲粉等。

2. 面团调色的基本原则

面团调色一般在面团搅拌完成后进行,即在原色面团中加入调色

想一想

在什么阶段对面团进行调色较好?

材料，然后混合搅拌至色彩均衡，这样做主要有以下两方面原因：

（1）不影响原色面团的制作。尽可能地为后续制作创造空间，节省时间成本和材料成本。

（2）不影响面筋的形成。粉状调色材料一般不含面筋蛋白，达到一定量后会对面筋产生消极影响，导致搅拌时间不得不延长。巧克力酱等膏状调色材料则含有大量油脂成分，会对面筋形成产生一定的阻碍作用。

二、布里欧修常用的馅料有哪些？

1. 水果馅料

水果馅料是烘焙中常用的馅料种类，将新鲜水果、冷冻水果或水果制品（如果蓉）等材料与糖水、黄油混合加热熬煮，即可制作成各类馅料。

由于新鲜水果中含有一定的果胶成分，熬煮后黏性会增加，呈浓稠质地，因此一般需要去皮、去籽、切块。

低温速冻水果可以在一定程度上保持自身的风味和色泽，用冷冻水果制作的果酱具有较为方便、保质期长、不受季节限制等优势。

果蓉是以水果为主要原材料，经过机器加工，混合糖制作成的一种水果制品，水果占比一般为90％左右，糖占比为10％左右。果蓉质地柔滑，无颗粒或籽粒，需要保存在 −18℃以下的环境下，保质期约为24个月。

2. 奶酪馅料

奶酪馅料是将奶油奶酪混合果干、坚果等材料制作成的固态馅料。

奶油奶酪也称奶油干酪、奶油芝士，是奶制品通过菌群发酵生产出来的固态材料，种类较多，风味各不相同，有硬、软、稀等不同质地。使用时如果感觉质地较稀，可以用糖粉进行调节。

3. 杏仁奶油馅

一般将黄油、糖粉、鸡蛋混合，搅拌均匀后加入杏仁粉制作成泥状馅料，风味较为浓郁，是烘焙中常用的馅料种类。

4. 巧克力馅料

巧克力相关制品是烘焙馅料常用的材料之一。

不同材料制作馅料的方式是不同的，有些可通过将巧克力融化混合其他材料制成，有些则直接作为馅料与面包面团组合。巧克力种类及图示如下页表所示。

提示

如果奶酪较干硬，混合前可先通过加热将其软化，再与其他材料混合。注意不要过度加热，否则奶酪会变成液态。

表 1-4-1　巧克力种类及图示

划分方法	巧克力种类	图示
根据所含原料划分	常见的有黑巧克力、牛奶巧克力和白巧克力。市场上销售的此类产品常根据巧克力中总的可可含量（包括可可脂和所有其他可可固形物）的重量百分比进行划分，如 70％黑巧克力、32％牛奶巧克力等。	 白巧克力　牛奶巧克力　黑巧克力
根据形状划分	常见的有板状、颗粒状、纽扣状、条状等。其中巧克力条常直接作为馅料裹入面包中。	 条状巧克力
根据用途划分	耐高温巧克力：使用时不用调温，可直接作为装饰馅料与面包面团组合。如耐高温巧克力粒经过烘烤也不易变形。 不耐高温巧克力：使用时根据需要调温，常用于巧克力装饰件、慕斯、饼底和馅料等。	 耐高温巧克力粒 不耐高温白巧克力

三、常见的馅料与面包的组合方式有哪些？

1. 内部填充

通过包、卷、折、挤、叠等方法使面团包裹住馅料，馅料不露出或半露出。

2. 外部装饰

通过直接摆放、挤入等方法将馅料覆盖在面团表面，馅料露出。这种方法不仅能够提供多样风味，还起到了装饰的效果，其具体呈现与面包造型直接相关。

 活动

活动一：洋梨坚果布里欧修（Pear Nut Brioche）制作

面团用量：1245 g
制作数量：22 个

图 1-4-1　洋梨坚果布里欧修成品图

1. 配方

表 1-4-2　洋梨坚果馅配方

材料	用量
黄油	20 g
细砂糖	80 g
洋梨丁	600 g
去皮绿开心果碎	30 g
扁桃仁碎（熟）	50 g
腰果碎（熟）	20 g
蔓越莓干	55 g

表 1-4-3　杏仁脆条配方

材料	用量
杏仁条	155 g
细砂糖	9 g
水	5 g
葡萄糖浆	10 g

表 1-4-4　布里欧修面团配方

材料	烘焙百分比	用量
T45 面粉	100 %	500 g
细砂糖	20 %	100 g
鲜酵母	4 %	20 g
食盐	2 %	10 g
固体酵种	20 %	100 g
蛋黄	28 %	140 g
牛奶	35 %	175 g
黄油	40 %	200 g
香草荚	/	1 根
防潮糖粉（装饰材料）	/	适量

2. 制作过程

（1）洋梨坚果馅制作

想一想

可否用其他坚
果代替？

先将扁桃仁和腰果用上下火 150℃ 烘烤约 12 min，冷却后切碎备用。然后将黄油加热至融化，加入细砂糖煮至冒泡。接着加入洋梨丁，小火慢煮至变稠，收干水分，此时梨丁呈半透明状。关火后加入扁桃仁碎和腰果碎充分拌匀。再加入蔓越莓干和去皮绿开心果碎充分拌匀。最后将馅料放入直径为 4.5 cm 的凤梨酥模具，抹平，放入冷冻室冻硬即可。如图 1-4-2 所示。

（1）　　　　　（2）　　　　　（3）

（4）　　　　　（5）　　　　　（6）

图 1-4-2　洋梨坚果馅制作

（2）杏仁脆条制作

先将水、细砂糖和葡萄糖浆放入锅中煮至冒泡。关火后加入杏仁条充分拌匀。然后平铺在烤盘上，用上下火 150℃ 烘烤至金黄色。冷却后将其掰成颗粒状即可。如图 1-4-3 所示。

提示

熬煮糖浆时要注意安全，避免异物掉入导致糖浆溅出。同时，糖浆熬煮状态瞬息万变，必须时刻关注，避免熬煮过头。

（1）　　　　　（2）　　　　　（3）

（4）　　　　　（5）

图 1-4-3　杏仁脆条制作

（3）面包制作

① 先将除黄油以外的材料混合搅拌至面筋扩展阶段，然后分次加入黄油，继续搅拌至面筋完全扩展阶段，如图 1-4-4 所示。

（1）　　　　　（2）

图 1-4-4　搅拌

② 取出面团，整理规整，盖上保鲜膜，放置在室温（26℃）下基础发酵 60 min。

③ 用切面刀将大面团分割成若干个 55 g 的小面团，如图 1-4-5 所示。

图 1-4-5　分割

④ 将面团放于操作台，手掌覆盖在上面，通过手掌的虎口运动带动面团移动，做滚圆动作，使面团表面光滑。

⑤ 盖上保鲜膜，放置在室温（26℃）下松弛 15 min。

提示

选用的圆形模具型号是 SN6201，也可用其他类似模具代替。

⑥ 取出面团，用擀面杖擀开，擀至直径为 10 cm 的圆形，并放入圆形模具中，如图 1-4-6 所示。

（1）　　　　（2）

图 1-4-6　整形

⑦ 放入醒发箱，以温度 28℃、湿度 80 %，发酵 60 min。最后发酵前的面团如图 1-4-7 所示。

图 1-4-7　最后发酵前

⑧ 将方形洋梨坚果馅压入醒发好的面团，然后在馅料边缘的面团上刷上全蛋液，并在表面铺上一层杏仁脆条，如图1-4-8所示。

（1）   （2）   （3）

图1-4-8 馅料组合

⑨ 入烤箱，以上火190℃、下火200℃，烘烤12～13 min，出炉震盘后立即脱模冷却。

⑩ 取出冷却的面包，在其表面盖上一个边长为4.5 cm的方形筛粉模具，然后筛上一层防潮糖粉进行装饰，如图1-4-9所示。

（1）   （2）

图1-4-9 成品装饰

活动二：双色莓莓奶酪布里欧修（Two Berries Cheese Brioche）制作

面团用量：1245 g
制作数量：20个

图1-4-10 双色莓莓奶酪布里欧修成品图

1. 配方

1-4-5　莓莓奶酪馅配方

材料	用量
奶油奶酪	550 g
糖粉	120 g
新鲜树莓	35 g
蔓越莓干碎	40 g

1-4-6　原色面团配方

材料	烘焙百分比	用量
T45 面粉	100 %	500 g
细砂糖	20 %	100 g
鲜酵母	4 %	20 g
食盐	2 %	10 g
固体酵种	20 %	100 g
蛋黄	28 %	140 g
牛奶	35 %	175 g
黄油	40 %	200 g
香草荚	/	1 根

1-4-7　可可面团配方

材料	用量
原色面团	622 g
可可粉	25 g
牛奶	15 g

1-4-8　装饰材料配方

材料	用量
蜂蜜	适量
去皮绿开心果碎	适量

3. 制作过程

（1）莓莓奶酪馅制作

先将奶油奶酪和糖粉充分拌匀，然后加入新鲜树莓和蔓越莓干碎混合拌匀，如图 1-4-11 所示。

想一想

可否用其他水果、果干代替？

（1） （2） （3）

图 1-4-11 莓莓奶酪馅制作

（2）面包制作

① 先将除黄油以外的材料混合搅拌至面筋扩展阶段，然后分次加入黄油，继续搅拌至面筋完全扩展阶段，如图 1-4-12 所示。

（1） （2）

图 1-4-12 原色面团制作

② 取 622 g 原色面团，与可可粉和牛奶混合均匀，如图 1-4-13 所示。

图 1-4-13 可可面团制作

③ 取出面团，整理规整，盖上保鲜膜，放置在室温（26℃）下基础发酵 40 min，如图 1-4-14 所示。

图 1-4-14　基础发酵

④　分别将两块面团擀压至厚度为 0.3 cm，如图 1-4-15 所示。

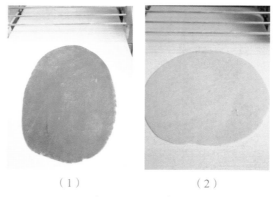

（1）　　　　　　　　　（2）

图 1-4-15　预整形

⑤　在面皮表面盖上保鲜膜，放置在 3℃冰箱中，冷藏松弛 25 min，如图 1-4-16 所示。

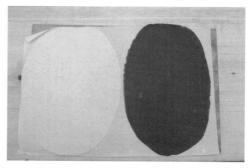

图 1-4-16　中间醒发（松弛）

⑥　取出面团，用直径为 4.5 cm 的圆形压模分别压成圆片，放入冰箱冷藏 15 min。然后将余下的原色面团和可可面团上下重叠在一起，擀压至厚度为 0.3 cm，放入冰箱冷藏 15 min。接着取出圆片，两色依

次互叠相交，放入 4 寸的咕咕洛夫模具中（原色面团和可可面团四片为一组），中心处挤入 30 g 莓莓奶酪馅。再取出擀压至厚度为 0.3 cm 的面团，用直径为 9 cm 的圆形压模压成圆片，并在圆片中心用直径为 2.5 cm 的圆形压模压出空心，使之呈圆环形。最后将圆环形面片盖在模具中进行封底。如图 1-4-17 所示。

提示

选用的咕咕洛夫模具型号是 WK9033（顶部直径为 10.8 cm，底部直径为 6.5 cm），可根据实际情况用其他模具代替。

|（1）|（2）|（3）|（4）|

|（5）|（6）|（7）|

图 1-4-17　整形

⑦　放入醒发箱，以温度 28℃、湿度 80 %，发酵 50 min。

⑧　在面包模具上方压上烤盘，以上火 210℃、下火 200℃，入炉烘烤 12～15 min，出炉震盘后立即脱模冷却。

⑨　取出冷却的面包，在其底部边缘刷上一圈蜂蜜，然后在刷蜂蜜处粘上一圈去皮绿开心果碎，如图 1-4-18 所示。

提示

如果有条件，可以使用热风炉烘烤此款面包，这样颜色可达到最佳效果。热风炉温度为 180℃，烘烤约 12 min。

|（1）|（2）|

图 1-4-18　成品装饰

 总结评价

1. 依据世界技能大赛相关评分细则,本任务的评分标准详见下表,总分为 10 分。

表 1-4-9　任务评价表

分项名称	类型	评价项目	评分标准	分值	得分
职业素养	客观	环境及个人卫生	地板、操作台等空间环境及个人卫生(包括工服)干净,得 1 分;存在任何不合规现象,计 0 分	1	
	主观	安全操作	娴熟且安全地使用工器具,得 1 分;工器具操作不熟练或个别工器具使用存在安全隐患,计 0 分	1	
产品制作	客观	产品重量规格	同款产品重量相差不超过 6 g,得 2 分;超过此范围,计 0 分	2	
	主观	产品外观	外观美观且有吸引力,形状统一,得 2 分;形状均匀,外观良好,得 1 分;烘烤过度或烘烤不足,形状不统一,计 0 分	2	
	主观	产品香气和味道	馅料与面团组合得很好,有明显的发酵及黄油风味,得 2 分;馅料与面团组合得很好,发酵及黄油风味不够明显,得 1 分;馅料与面团组合得不好,烘烤不足或烘烤过度,计 0 分	2	
	主观	产品内部组织	非常湿润柔软,呈现出完美的内部组织,得 2 分;湿润柔软,内部组织一般,得 1 分;内部组织呈现出发酵不足或烘烤不熟,计 0 分	2	

2. 操作要点总结如下表所示。

表 1-4-10　洋梨坚果布里欧修操作要点

馅料制作	洋梨坚果馅、杏仁脆条
面团温度	24℃
基础发酵	室温(26℃),60 min

（续表）

分割	55 g/个
预整形	滚圆
中间醒发（松弛）	室温（26℃），15 min
整形	擀成直径为 10 cm 的圆形面皮，组合馅料
最后发酵	温度 28℃、湿度 80%，60 min
烘烤	上火 190℃、下火 200℃，12～13 min

表 1-4-11 双色莓莓奶酪布里欧修操作要点

馅料制作	莓莓奶酪馅
面团温度	24℃
基础发酵	室温（26℃），40 min
预整形	擀成厚度为 0.3 cm 的面皮
中间醒发（松弛）	冷藏 25 min
整形	模具塑形
最后发酵	温度 28℃、湿度 80%，50 min
烘烤	上火 210℃、下火 200℃，12～15 min

 拓展学习

如何正确储存馅料相关产品？

由于许多馅料中油脂成分和水的含量较高，因此在储存过程中要防止食品发生腐败。

1. 食品腐败变质的原因

食品腐败变质是指食品在一定环境因素的影响下因微生物的作用而引起成分和感官性状发生改变，并失去食用价值的一种变化。

（1）微生物的作用。微生物的污染是导致食品腐败变质的根源。如果某食品被微生物污染，一旦条件适宜，该食品就会腐败变质。引起食品腐败变质的微生物种类有很多，主要有细菌、真菌等。

（2）食品的环境条件。从某种意义上来说，环境也是引起食品变质的重要因素之一，如温度、湿度等。

（3）食品的化学物质作用。食品腐败变质的过程，实质上是食物中的蛋白质、脂肪、碳水化合物等发生分解变化的过程。

2. 食品的保藏方法

食品保藏是为防止食品腐败变质，使其能长期保存所采取的加工处理措施。常用的方法有低温保藏、高温保藏、脱水保藏、真空保藏、腌制保藏、化学保藏等。

（1）低温保藏。馅料在制作完成后，可贴面盖上保鲜膜密封，放入冰箱冷藏室（1℃～7℃）保存，此温度范围可抑制多数微生物的繁殖。

（2）高温保藏。高温处理能杀灭大量微生物，并破坏食品中的酶，达到食品保藏的目的。水果酱的制作常使用此方法，水果酱在经过反复加热失水后，内部的大部分微生物被杀死。但需要注意盛装的器皿应提前高温杀菌，盛装后须密封，必要时可进行整装杀菌操作。

（3）脱水保藏。脱水保藏通过除去食品中的水分，达到阻止霉菌、发酵菌和细菌生长的目的。一些坚果、水果可以直接作为馅料附在面包表面，如核桃、杏仁片、芝麻等，此类材料一般在与面包组合前可事先进行烘烤除水，干燥保存时要注意密封。

（4）真空保藏。利用真空环境来保藏食品，可延长食品的保存期限。

（5）腌制保藏。利用大量的盐、糖、酒、油脂等材料腌渍食品，食品组织内的高渗透压作用能够抑制有害微生物活动，防止食品腐败变质，同时赋予其一定的风味特点。

（6）化学保藏。可适当采用化学制品来提高食品的耐藏性，尽可能保持食品的原有品质，防止食品变质，延长其保质期。此类化学制品统称为食品保藏剂，其中较为常见的有防腐剂、杀菌剂、抗氧化剂等。

想一想

本任务活动中的馅料如果有留存，宜采用什么方法保藏？

思考与练习

1. 如果要制作 10 款洋梨坚果布里欧修、20 款双色莓莓奶酪布里欧修，请根据烘焙百分比，计算面团至少所需的各材料用量。

2. 本任务中产品的调色材料可用哪些材料代替？

3. 技能训练：请使用其他模具，改变任务中双色莓莓奶酪布里欧修的产品样式，出品一款同面团、同馅料的圆形面包。

模块二

无糖无油面包的制作

法棍又称法国长棍面包，是最传统的法式面包之一，也是干硬面包系列的代表性产品，通常只使用小麦粉、水、盐和酵母四种材料制作，外皮酥脆，内部松软。同时，法棍面团可以借助各类工具、材料完成变形操作，产品类型丰富。法式造型面包虽然与法棍类产品有类似的配方和搅拌方式，但其造型轮廓更多变，面团质地与法棍面团有所区别。

本模块融合了世界技能大赛烘焙项目中无糖无油面包相关产品内容，共涉及两个典型任务，分别是传统法棍（Baguette）的制作和法式造型面包（Decorative Bread from Lean Dough）的制作，主要介绍了两种面包产品的材料、搅拌、发酵、整形与变形、烘烤等操作技术及注意事项。

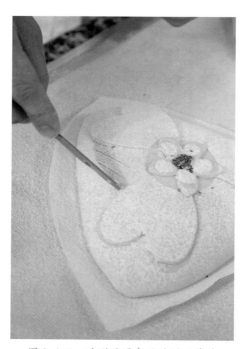

图 2-0-1　造型面团表面的划刀装饰

任务 1　传统法棍的制作

1. 能运用正确的方法调制法棍面团。
2. 能运用正确的方法对法棍面团进行预整形、成形、割口。
3. 能理解面包表皮形成的原理。
4. 能掌握法棍类产品的基本特点及评价方法。
5. 能严格遵守安全与卫生操作规范，养成良好的食品卫生习惯。

情景任务

　　为更好地营造手工面包坊的氛围，店长准备在橱窗内展示一些传统法棍及变形产品，并将产品制作的任务交给你。成品长度应控制在 50～55 cm，样式美观且能引人注意，割口整齐，表皮成色要有质感。

思路与方法

　　不同于甜面包面团，法棍面团用料简单，产品质感突出，成形难度较高，在面包组织、面包表皮等方面必须非常用心。制作时需要知道法棍制作的要求与重点，为突出风味与质感，宜采用中种发酵法。

一、法棍的特点是什么？

　　法棍又称法国长棍面包、法棒面包，是最传统的法式面包之一，也是干硬面包系列的代表性产品，通常只使用小麦粉、水、盐和酵母四种材料制作。法棍中间粗两端略尖，割口是法棍制作的技术要点，其特点是外皮酥脆、内部松软。

二、制作法棍面团使用的材料有哪些？

　　（1）面粉。法棍面团含水量较高，对塑形能力有一定要求，宜选用蛋白质含量为 10.5 %～11 % 的面粉。由于国内面粉筋度较强，因此

想一想

为什么用这四种材料就可以制作面包？

在使用国产面粉制作法棍时,通常会将高筋面粉和低筋面粉以 7 : 3 或 6 : 4 的比例作为配粉方案。

(2)酵母。法棍面团多使用低糖型干酵母和低糖型鲜酵母。

(3)盐。添加用量一般为 1.8 % ~ 2 %。

(4)水。宜使用中性且硬度偏软的水,可促进面筋形成。制作法棍时除了基本用水量外,还需要注意根据面粉状态调节用水量。

(5)酵种。酵种一般会添加 15 % ~ 20 %,不仅能增加成品风味层次,对成品组织也有一定的积极作用。

三、制作法棍面团的重点是什么?

法棍面团制作完成后,需要进行一定的塑形操作,所以在保证面团持气能力的基础上,应减少面团弹性对成品的影响。在时间允许的情况下,可以对法棍面团采用低温长时间储存来进行基础发酵,给予面团更多的松弛时间(比如面团成形后,在 3℃ 的环境下基础发酵一夜)。

此外,面团水解也是常用的方法。

1. 水解的含义

制作传统法式面包时,在面团正式搅拌前通常会先将面粉与水混合至湿润状态,在室温下静置一段时间后,再加入其他材料混合搅拌。

2. 水解的意义

水解过程可以缓解面团内部的紧绷感,使内部组织有更好的延展性。面团的延展性如果太弱,整形时会遇到较大困难。同时,水解可以缩短面团的搅拌时间,如果搅拌时间过长,面包成品中心处泛白,风味会减弱,保存时间也会缩短。

3. 水解工艺使用条件

一是当所有面粉做出的面团延展性很差,不容易进行整形等操作时,可考虑进行水解操作。

二是制作造型类面团时,可酌情进行水解操作。

四、法棍的装饰特点是什么?

法棍面团含水量较高,可塑性相对甜面包面团要低,割口装饰是一个重要的产品特点。

法棍对割口的要求相当严格,划割口时一定要一气呵成,这样割口会更自然流畅。划好割口的法棍应立刻入炉烘烤,不可以等待。

正确的划割口方法如下所示:

（1）刀片与面团的操作面不是垂直的，而是呈约 45° 夹角。

（2）面团表面的每段割口之间是平行的，且有 1/3 的长度是重合的。

（3）割口的深度不宜过深，一般深 0.2 cm，讲究"破皮不破肉"，如果割口过深，面团烘烤后会瘫掉。

法棍的割口示意图如图 2-1-1 所示。

面团总长度：50～55 cm

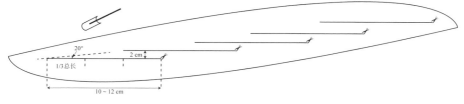

图 2-1-1　法棍的割口示意图

提示

法棍面团的整形操作最好在发酵布上进行，防止粘连。

提示

法棍表面有割口，内部持续的膨胀气体可以通过割口排出，所以割口附近的气体较充分，烘烤时温度相对较高，形成的烘烤色泽一般也较深。

五、法棍的烘烤特点是什么？

与甜面包面团类产品不同，法棍可以直接"落地烤"，即面团不需要烤盘，直接放在烤箱底部。同时，烘烤时需要喷蒸汽，此操作与法棍特殊表皮与内部组织的形成有直接关系。

1. 面包表皮形成原理

面包面团入炉后，烤箱内部的温度由外及里地在面团中传导，表层的水分经过蒸发逐渐消失，在最外层无水可失后，"表皮"会继续向内扩大"占领区域"，直至烘烤完成，形成肉眼可见的表皮。

当面团表层开始硬化时，如果内部面团继续膨胀，表皮就会"胀破"。相反，如果内部面团只出现很小的膨胀或膨胀缓慢，则面团的"皮"和"心"之间会形成一个空洞，出现类似"盖"的情况。所以烘烤时要把握好烘烤程度与面筋强度之间的关系。

2. 喷蒸汽原理

烘烤法棍时一般会喷蒸汽，这与法棍表皮的形成有关。喷出的气体是水蒸气，温度在 100℃ 以上，有的甚至能达到 200℃ 以上。喷蒸汽的时机一般为烘烤面团的开始几分钟之内。喷蒸汽的主要作用如下所示：

（1）水蒸气可以增加炉内的湿度，提高热传导能力，使面团在较短时间内接收更多的热量，从而增加自身的膨胀力。

（2）在面团整体膨胀的同时，高压的水蒸气会在面团表面形成一层"水膜"，这相当于增加了面团表面的湿度，从而增强了面团表面的延展性，能够保护面团在烘烤初期表皮不易变硬，为内部膨胀提供空间和时间。

想一想

如果烤箱没有喷蒸汽功能，是否有其他替代方法？

（3）喷蒸汽后期，烤箱内部温度趋于稳定，面包表皮逐渐形成。

 活动

活动一：传统法棍制作

面团用量：1956 g
制作数量：5 个

图 2-1-2　传统法棍成品图

1. 配方

表 2-1-1　法棍面团配方

材料	烘焙百分比	用量
T65 面粉	100 %	1000 g
水	65 %	650 g
食盐	2 %	20 g
鲜酵母	0.6 %	6 g
固体酵种	20 %	200 g
分次加水	8 %（有浮动）	80 g（有浮动）

提示

分次加水能调节面团的软硬度和温度。

2. 制作过程

（1）先将 T65 面粉和水倒入搅拌缸中，稍稍搅拌至混合，在室温（26℃）下静置 90 min。然后加入盐，基础搅拌均匀后，加入酵母和固体酵种，继续低速搅拌约 10 min。接着观察面团的状态，分次加水，并

调整转速至中速，搅拌至面筋完全扩展阶段。如图 2-1-3 所示。

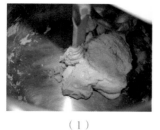  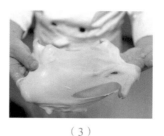

（1）　　　　　　　　　（2）　　　　　　　　　（3）

图 2-1-3　搅拌

注意事项

　　分次加水前需要确定面团成形的温度和软硬度，较理想的加入时机是面筋扩展阶段之后、面筋完全扩展阶段之前的节点。

（2）将面团放置在室温（26℃）下发酵 1 h 或在冰箱低温（3℃）储存一夜（12~15 h）。本次采用低温发酵，如图 2-1-4 所示。

提示

低温慢发酵能抑制面团中酵母菌的快速生长，使菌种存活得更久（延长从制作到烘烤的时间），在产气量减少的同时，增加产品风味。

图 2-1-4　基础发酵前

（3）取出冷藏好的面团，用切面刀将大面团分割成若干个 450 g 的面团，如图 2-1-5 所示。

图 2-1-5　分割

提示

法棍的预整形
技法适用于许
多面包的整形,
应多加练习。

（4）先将面团放在发酵布上,用手掌按压扁。然后从面皮前方的左右两端往中间处小幅度折叠,使面皮前端呈圆弧形。按此方法继续卷起,并用手掌根按压对接处,使面皮相连得更紧实。接着卷起面团至尾端,用手将面团两端不平整的部分抚平,整形成圆柱形（或椭圆形）,接口朝下。如图2-1-6所示。

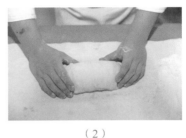

（1）　　　　　　　　　　　　　（2）

图2-1-6　预整形

想一想

醒发时,发酵
布为什么要整
形成这样?

（5）将预整形的面团放在发酵布上,盖上保鲜膜,在室温（26℃）下松弛30 min,如图2-1-7所示。

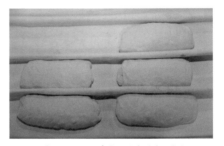

图2-1-7　中间醒发（松弛）

（6）先取出松弛好的面团,用手掌拍压面团,使其排出多余的气体。然后将面团较为平整的一面朝下,从远离身体的一侧开始,折叠约1/3。接着用手掌根将对接处按压紧实,继续将面团卷起,其间注意面团紧实度。再用双手将面团搓成约50 cm的长条。如图2-1-8所示。

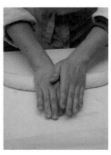

（1）　　　　　　（2）　　　　　　（3）　　　　　　（4）

图2-1-8　整形

（7）将成形的面团底部朝上，放在发酵布上，在室温（26℃）下发酵 45 min，盖上保鲜膜，放入 3℃冰箱中冷藏 15 min，如图 2-1-9 所示。

提示

将发酵好的面团放置在冷藏室，有利于烘烤时膨胀。

图 2-1-9　最后发酵

（8）取出面团，用刀片在面团表面斜着划 5 刀（注意割口的深浅），如图 2-1-10 所示。

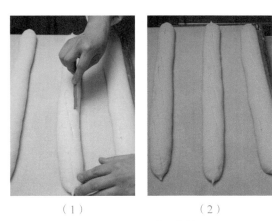

（1）　　　　　　　　（2）

图 2-1-10　割口装饰

（9）入烤箱，以上火 250℃、下火 230℃，喷蒸汽 5s，烘烤 20 min，再打开风门烘烤 3～5 min，如图 2-1-11 所示。

图 2-1-11　烘烤

活动二：网状叶子法棍（Decorative Baguette—Leaf Pattern）制作

面团用量：1956 g
制作数量：4 个

图 2-1-12　网状叶子法棍成品图

1. 配方

配方比例参照本模块任务 1 的活动一。

2. 制作过程

步骤（1）~（2）参照活动一"传统法棍制作"。

（3）取出冷藏好的面团，用切面刀将大面团分割成 4 个 400 g 的面团和 4 个 80 g 的面团。

（4）将面团整形成圆柱形（或椭圆形）。（同"传统法棍制作"）

（5）将预整形的面团放在发酵布上，在室温（26℃）下松弛 30 min。

（6）先取出松弛好的 400 g 面团，用手掌拍压面团，使其排出多余的气体。将面团较为平整的一面朝下，从远离身体的一侧开始，折叠约 1/3。然后用手掌根将对接处按压紧实，继续将面团卷起，其间注意面团紧实度。接着双手将面团搓成约 50 cm 的长条。再将 80 g 面团擀压至长度为 50 cm，宽度为 6 cm，厚度为 0.1 cm，在面皮边缘刷上一层橄榄油。最后将约 50 cm 的长条形面团放置在面皮上，接口朝上摆放。如图 2-1-13 所示。

（7）将成形的面团底部朝上，放在发酵布上，在室温（26℃）下发酵 45 min，盖上保鲜膜，放入 3℃冰箱中冷藏 15 min。

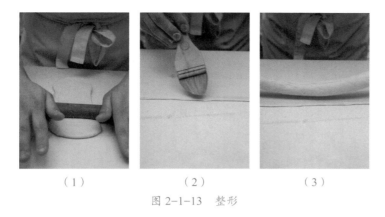

（1）　　　　　（2）　　　　　（3）

图 2-1-13　整形

（8）取出面团，用切面刀在面团中间处斜着切开，切 5 刀。然后用手将切开处拉开，并在表面筛上面粉。如图 2-1-14 所示。

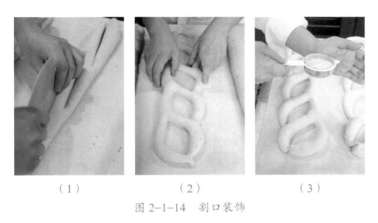

（1）　　　　　（2）　　　　　（3）

图 2-1-14　割口装饰

提示

烘烤时，筛于表面的薄粉不会对面包口感和色泽产生什么影响。同时，薄粉带来的小麦风味和质感对面包成品有积极作用。

注意事项

拉开面团时动作要轻、要快。

（9）以上火 250℃、下火 230℃，喷蒸汽 5s，烘烤 20 min，再打开风门烘烤 3～5 min。

总结评价

1. 依据世界技能大赛相关评分细则，本任务的评分标准详见下页表，总分为 10 分。

表 2-1-2 任务评价表

分项名称	类型	评价项目	评分标准	分值	得分
产品制作	客观	产品重量规格	同款产品重量相差不超过 10 g, 得 1 分; 超过此范围, 计 0 分	1	
	客观	产品长度	产品长度为 50~55 cm, 得 1 分; 超过此范围, 计 0 分	1	
	主观	产品外观	外观均匀饱满, 烘烤色泽美观, 割口完美爆裂, 得 2 分; 外观均匀饱满, 割口均匀美观, 得 1 分; 色泽显得干涩, 割口不美观, 烘烤过度或烘烤不足, 计 0 分	2	
	主观	产品香气	有浓郁的小麦和发酵的香气, 得 2 分; 有小麦和发酵的香气, 得 1 分; 小麦和发酵的香气非常弱, 或几乎没有, 计 0 分	2	
	主观	产品口味	口感皮脆, 内部组织湿润, 可品尝出浓郁的小麦香, 得 2 分; 口感皮脆, 内部组织湿润, 有小麦香, 得 1 分; 口感皮不脆, 内部组织不够湿润, 小麦香很淡, 计 0 分	2	
	主观	产品内部组织	气孔均匀, 气孔壁湿润, 得 2 分; 有大气孔但是部分不均匀, 得 1 分; 气孔都很小且不均匀, 甚至没有气孔, 计 0 分	2	

2. 操作要点总结如下表所示。

表 2-1-3 传统法棍操作要点

面团温度	24℃
基础发酵	室温（26℃）发酵 1 h 或 3℃冷藏一夜（12～15 h）
分割	450 g/ 个
预整形	圆柱形（或椭圆形）
中间醒发（松弛）	室温（26℃）, 30 min
整形	搓成 50 cm 的长条形
最后发酵	室温（26℃）, 45 min; 再冷藏 15 min
烘烤	上火 250℃、下火 230℃, 蒸汽 5s, 23～25 min

表 2-1-4 花式法棍操作要点

面团温度	24℃
基础发酵	室温（26℃）发酵 1 h 或 3℃冷藏一夜（12~15 h）
分割	每组含 400 g、80 g 各 1 个
预整形	圆柱形（或椭圆形）
中间醒发（松弛）	室温（26℃），30 min
整形	特殊造型
最后发酵	室温（26℃），45 min；再冷藏 15 min
烘烤	上火 250℃、下火 230℃，蒸汽 5s，23~25 min

拓展学习

其他造型法棍的制作要领

1. 弯状麦穗法棍制作

图 2-1-15 弯状麦穗法棍成品图

表 2-1-5 弯状麦穗法棍操作要点

面团温度	24℃
基础发酵	室温（26℃）发酵 1 h 或 3℃冷藏一夜（12~15 h）
分割	450 g/个
预整形	圆柱形（或椭圆形）
中间醒发（松弛）	室温（26℃），30 min
整形装饰	用法棍整形的方法将面团搓成 50 cm 的长条形，在面团表面刷上水，粘取适量白芝麻，如图 2-1-16 所示
最后发酵	室温（26℃），45 min；再冷藏 15 min
整形装饰	取出面团，用剪刀剪出麦穗状，注意不要剪断，再将面团摆成 S 形，如图 2-1-17 所示

想—想

还有哪些材料可以放在法棍上用于装饰？

（续表）

烘烤	上火 250℃、下火 230℃，蒸汽 5s，23~25 min

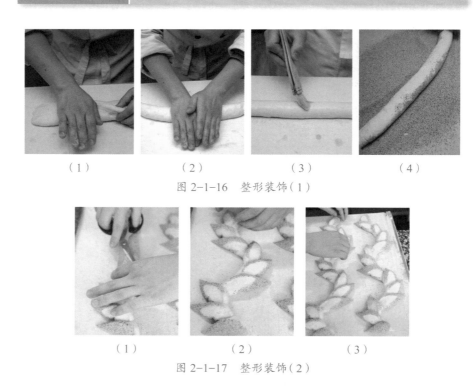

（1）　　　　　　（2）　　　　　　（3）　　　　　　（4）

图 2-1-16　整形装饰（1）

（1）　　　　　　（2）　　　　　　（3）

图 2-1-17　整形装饰（2）

2. 双侧网状麦穗法棍制作

图 2-1-18　双侧网状麦穗法棍成品图

表 2-1-6　双侧网状麦穗法棍操作要点

面团温度	24℃
基础发酵	室温（26℃）发酵 1 h 或 3℃冷藏一夜（12~15 h）
分割	450 g/ 个

（续表）

预整形	圆柱形（或椭圆形）
中间醒发（松弛）	室温（26℃），30 min
整形装饰	用法棍整形的方法将面团搓成 50 cm 的长条形，在面团表面刷上水，粘取适量奇亚籽，如图 2-1-19 所示
最后发酵	室温（26℃），45 min；再冷藏 15 min
整形装饰	用切面刀在面团中间处斜着切开，切 4 刀，然后将切开处拉开，用剪刀在面团每一边剪出麦穗状，注意以左右交替的手法剪，不要剪断，如图 2-1-20 所示
烘烤	上火 250℃、下火 230℃，蒸汽 5s，23~25 min

（1）　　　　（2）　　　　（3）　　　　（4）

图 2-1-19　整形装饰（1）

（1）　　　　（2）　　　　（3）　　　　（4）

图 2-1-20　整形装饰（2）

3. 单侧麦穗法棍制作

图 2-1-21　单侧麦穗法棍成品图

表 2-1-7　单侧麦穗法棍操作要点

面团温度	24℃
基础发酵	室温（26℃）发酵 1 h 或 3℃冷藏一夜（12~15 h）
分割	每组含 400 g、80 g 各 1 个
预整形	圆柱形（或椭圆形）
中间醒发（松弛）	室温（26℃），30 min
整形装饰	先用法棍整形的方法将 400 g 面团搓成 50 cm 的长条形，将 80 g 面团擀压至长度为 50 cm，宽度为 8 cm，厚度为 0.1 cm，然后在面皮中间刷上一层橄榄油，将长条形面团放置在面皮上（接口朝上），再用面皮包裹面团，并收紧底部，如图 2-1-22 所示
最后发酵	室温（26℃），45 min；再冷藏 15 min
整形装饰	取出面团，用剪刀在面团一边剪出麦穗状，向一边摆放，如图 2-1-23 所示
烘烤	上火 250℃、下火 230℃，蒸汽 5s，23~25 min

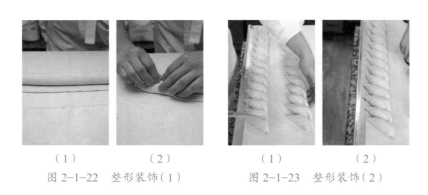

（1）　　　　（2）　　　　　　　（1）　　　　（2）

图 2-1-22　整形装饰（1）　　　　图 2-1-23　整形装饰（2）

思考与练习

1. 法棍可以制作成菜品吗？

2. 如果烘烤法棍时不喷蒸汽，成品的表皮会是怎样的？

3. 技能训练：请按照本任务介绍的基本方法，练习制作"拓展学习"中的任意两款产品。

任务 2　法式造型面包的制作

学习目标

1. 能准确说出面包造型的工序要点。
2. 能运用不同的塑形方法制作法式造型面包。
3. 能在制作过程中提高创意与审美能力。

情景任务

在上一任务中，你已完成了法棍的制作。现在店长要求你制作一些别致的造型面包与法棍进行搭配组合，每种产品数量在 5 个以内，不仅造型要有吸引力，要有一定的重量，还要有除烘焙色之外的色彩，能够突出材料特征。

思路与方法

为更好地突出质感和风味，法式造型面包依然选择较为简单的材料组合，采用酵种制作。造型制作对面团质地提出了要求，同时需要制作者具有一定的创意与审美能力，知道面团特点及工序要点。

一、法式造型面团的特点是什么？

在传统发酵类面包中，用于制作造型面包的面团统称为法式造型面团或造型面团。

法式造型面包是传统法式面包中的一类，与法棍类产品有类似的配方和搅拌方式，主要制作材料是小麦粉、盐、含酵母类产品与水。为了能够在后期的外观上实现更好的整形，法式造型面团的质地与法棍面团有所区别。

法棍面团的含水量一般为 70 %～75 %，有助于面团内部组织产生更好的气孔。而法式造型面团的含水量要比法棍面团稍低一点，这有利于产品后期的造型设计与面包成形，内部组织也较绵密。

想一想

面团含水量的高低会对整形产生哪些具体的影响？

二、法式造型面团的整形工序有哪些重点及要点？

为面包塑造造型，即整形，在面包制作工序中占有重要的地位，直接决定了面包的成形样式。整形是一个连续的过程，不仅和最后的整形步骤有关，而且与其直接相关的工序包括分割、预整形、中间醒发、面团整形与装饰等也有关。

1. 分割

分割是面团整形的第一步，主要采用切割工具将大面团切割成合适的小面团，切割时动作要利落，避免来回拉扯损坏面团筋度。由于此时面团中的酵母菌依然在进行产气活动，因此分割时要快，避免因时间过长引起面团内部发生更多的膨胀，进而影响面团后期的造型。

2. 预整形

分割之后，切割工具形成的切口对面团内部的面筋网络结构造成了一定的伤害，如果不及时对"伤口"进行"救治"，面团内部的面筋网络就不够牢固，在酵母菌产气时易造成不良后果，如面团坍塌等。

一般来说，面团在分割之后都需要一个预整形的过程，预整形的形状基本上以圆形为主。预整形是为了将切口重新融入面团，使面团表皮形成一个有秩序的"皮膜"，内部组织建立新的秩序与方向，以便于后期中间醒发时面团能及时恢复合适的物理性质。考虑到后期成品整形的统一性，预整形的形状要标准化。

3. 中间醒发

中间醒发在预整形之后、面包正式整形之前，主要目的是松弛。

面团在经过分割与预整形后，内部组织处于一个较紧张的状态，不利于后期整形时面团的塑形。为了使面团恢复柔软、便于延伸，需要让面团"休息"一段时间，这是松弛的主要原因。尤其对特殊造型的面团而言，有时还会采取低温储存一夜的方式来进行慢松弛操作。

由于在松弛的过程中，酵母菌依然在进行繁殖活动，因此松弛也能增大面团的体积，调整其内部组织。

4. 面团整形与装饰

面团整形时，其物理性质达到了一个合适的状态，可施加多种整形的技法，如滚、搓、捏、擀、拉、折叠、卷、切、割等。通常来说，造型面包会采取多种搭配组合的方式来制作。

法式造型面包的装饰一般发生在烘烤前，如筛粉等。

三、常见的法式造型面包塑形方法有哪些？

（1）面皮拼接。拼接需要辅助刷油或刷水。刷油有助于烘烤后两部分分离，形成层次。刷水有助于两部分相连，后期烘烤分层不明显。
面皮既可以选择同色，也可以选择不同色。

（2）模具塑形。造型面包的表层花纹多使用面团拼接和模具塑形
的方式来塑造。模具既可以选择来自专业厂家的产品，也可以根据自
己的需求用硬纸板制作。

（3）面团塑形。通过技术手法塑造面团外形，给予面团一个基本
的轮廓。

（4）表面筛粉。通过网筛将面粉过筛到面团表面，形成纹路覆盖。

（5）种子装饰。可以在面团表面粉上奇亚籽、葵花籽、白芝麻等食
材进行装饰。

活动一：马蹄形法式造型面包（Decorative Bread from Lean Dough—Horseshoe Pattern）制作

图 2-2-1　马蹄形法式造型面包成品图

面团用量：1880 g
制作数量：3 个

1. 配方

表 2-2-1　法式造型面团配方

材料	烘焙百分比	用量
T65 面粉	100 %	1000 g
鲜酵母	1 %	10 g
食盐	2 %	20 g

想一想

如何使种子和
面团更稳定地
粘在一起？

（续表）

材料	烘焙百分比	用量
固体酵种	20 %	200 g
水	65 %	650 g
橄榄油（装饰）	/	适量

2. 制作过程

（1）将除橄榄油以外的材料混合搅拌至面筋完全扩展阶段。

（2）将面团放置在室温（26℃）下发酵 60 min。

（3）用切面刀将大面团分割成 3 个 500 g 的面团和 3 个 80 g 的面团。

（4）将面团整形成圆柱形（或椭圆形）。（同"传统法棍制作"）

（5）将面团放在发酵布上，盖上保鲜膜，在室温（26℃）下松弛 30 min，如图 2-2-2 所示。

提示

发酵布可以使面包发酵的温度更加稳定，同时能够固定面包的形状，吸收面团表面的水分。

图 2-2-2　中间醒发（松弛）

（6）先取出松弛好的面团，用手掌拍压面团，使其排出多余的气体。将面团较为平整的一面朝下，从远离身体的一侧开始，折叠约 1/3。然后用手掌根将对接处按压紧实，继续将面团卷起，接着用双手将面团搓成约 38 cm 的长条。再将 80 g 面团擀压至长度为 38 cm，宽度为 8 cm，厚度为 0.2 cm，在面皮边缘刷上一层橄榄油。最后将约 38 cm 的长条形面团平行着横放在面皮中央，拾起两侧的面皮贴附在面团上，整理规整。将面团向外翻转 90°，使顶层未附着面皮的部分向外，再将整个面团弯曲成 U 形。如图 2-2-3 所示。

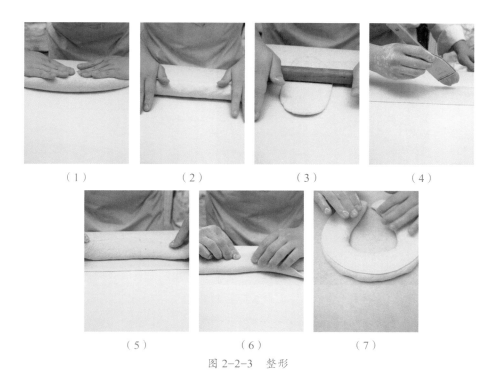

（1）　　　　　（2）　　　　　（3）　　　　　（4）

（5）　　　　　　（6）　　　　　　（7）

图 2-2-3　整形

（7）将成形的面团放置在室温（26℃）下发酵 45 min。然后在发酵好的面团上放上筛粉模具，并筛上一层面粉，如图 2-2-4 所示。

想一想

是否可以自制筛粉模具？

（1）　　　　　　（2）

图 2-2-4　筛粉

（8）入烤箱，以上火 250℃、下火 230℃，喷蒸汽 5 s，烘烤 25～28 min。

活动二：双色花型法式造型面包（Decorative Bread from Lean Dough—Bicolored Flower Pattern）制作

面团用量：1880 g
制作数量：3 个

图 2-2-5　双色花型法式造型面包成品图

1. 配方

表 2-2-2　原色面团配方

材料	烘焙百分比	用量
T65 面粉	100 %	1000 g
鲜酵母	1 %	10 g
食盐	2 %	20 g
固体酵种	20 %	200 g
水	65 %	650 g
橄榄油（装饰材料）	/	适量

表 2-2-3　红色面团配方

材料	用量
原色面团	420 g
红曲粉	15 g

提示

加入红曲粉后，将面团搅拌至色彩均匀即可，不可过度搅拌。

2. 制作过程

（1）先将所有材料混合搅拌至面筋完全扩展阶段。然后取 420 g 原色面团，加入 15 g 红曲粉搅拌成红色面团。接着将红色面团擀至 0.2 cm 厚的面皮，并放入冷冻室备用。

（2）将面团放置在室温（26℃）下发酵 60 min。

（3）用切面刀将大面团分割成若干个 480 g 的面团，预整形成圆形，如图 2-2-6 所示。然后放在发酵布上，在室温（26℃）下松弛 30 min。

图 2-2-6　预整形

（4）先取出松弛好的面团，用擀面杖将面团稍加擀扁。然后取出冻好的面皮，用模具刻出形状，并在刻好的面皮边缘刷上少许橄榄油。接着将一块制好的面皮盖在面团上，在中间放上模具，筛上一层面粉，再取一块面皮交叉放在上面。如图 2-2-7 所示。

提示

每个面团需要两块模具形状的红色面皮。

（1）　　　　　　（2）　　　　　　（3）

（4）　　　　　　（5）

图 2-2-7　整形

提示

本次活动中使用的筛粉模具是四叶形，也可以用硬纸板自制。

（5）将成形的面团放置在室温（26℃）下发酵 45 min。然后在发酵好的面团上放上筛粉模具，并筛上一层面粉，如图 2-2-8 所示。

（1） （2）

图 2-2-8 筛粉

（6）以上火 250℃、下火 230℃，喷蒸汽 5s，烘烤 25～28 min。

 **总结评价**

1. 依据世界技能大赛相关评分细则，本任务的评分标准详见下表，总分为 10 分。

表 2-2-4 任务评价表

分项名称	类型	评价项目	评分标准	分值	得分
职业素养	客观	环境及个人卫生	地板、操作台等空间环境及个人卫生（包括工服）干净，得 1 分；存在任何不合规现象，计 0 分	1	
	主观	安全操作	娴熟且安全地使用工器具，得 1 分；工器具操作不熟练或个别工器具使用存在安全隐患，计 0 分	1	
产品制作	客观	产品重量规格	同款产品重量相差不超过 10 g，得 1 分；超过此范围，计 0 分	2	
	主观	产品外观	非常有创意和创新性，令人惊喜，得 3 分；有创意和创新性，有视觉吸引力，得 2 分；缺少创意和创新性，很一般，得 1 分；没有任何创意和创新性，计 0 分	3	

（续表）

分项名称	类型	评价项目	评分标准	分值	得分
产品制作	主观	产品内部组织	烘烤适度，有很好的膨胀力，质感完美，得3分；有法式面包的质感，烘烤适度，得2分；缺少膨胀力，烤后质感不佳，得1分；烘烤不足或烘烤过度，毫无膨胀力，计0分	3	

2. 操作要点总结如下表所示。

表 2-2-5　操作要点

面团温度	25℃
基础发酵	室温（26℃），60 min
分割	造型1：500 g/个，80 g/个（1组量） 造型2：480 g/个
预整形	造型1：圆柱形（或椭圆形） 造型2：圆形
中间醒发（松弛）	室温（26℃），30 min
整形	特殊造型
最后发酵	室温（26℃），45 min
烘烤	上火250℃、下火230℃，蒸汽5s，25～28 min

　拓展学习

其他法式造型面包的制作要领

1. 三叶草法式造型面包制作

图 2-2-9　三叶草法式造型面包成品图

法式造型面包
的基础制作流
程类似，不同
之处主要在于
预整形及整形
装饰阶段。

表 2-2-6　三叶草法式造型面包操作要点

面团温度	25℃
基础发酵	室温（26℃），60 min
分割	200 g / 个，3 个一组；50 g / 个，每组 1 个；留少许备用面团
预整形	将 200 g 面团与 50 g 面团整形成圆形，剩余面团擀成厚度为 0.2 cm 的面皮
中间醒发（松弛）	将面团放置在室温（26℃）下松弛 30 min；面皮冷冻
整形装饰	（1）取出 200 g 面团，3 个一组，用擀面杖将面团前端擀至厚度为 0.2 cm，用裱花嘴将面皮边缘压成锯齿状，并刷上少许橄榄油，如图 2-2-10 所示； （2）将面皮盖在面团上，3 个一组摆放，如图 2-2-11 所示； （3）取出冻好的面皮，用模具刻出形状，并在边缘刷上少许橄榄油，然后将制好的面皮盖在面团上，如图 2-2-12 所示； （4）在 50 g 的小面团表面喷上水，粘上奇亚籽，并放置在面团中间，如图 2-2-13 所示
最后发酵	室温（26℃），45 min
整形装饰	筛粉装饰，割口，如图 2-2-14 所示
烘烤	上火 250℃、下火 230℃，蒸汽 5s，25~28 min

（1）　　　　　　　　（2）　　　　　　　　（3）

图 2-2-10　整形装饰（1）

图 2-2-11　整形
装饰（2）

（1）　　　　　　（2）　　　　　　（3）

图 2-2-12　整形装饰（3）

（1）　　　　　　（2）　　　　　　（1）　　　　　　（2）

图 2-2-13　整形装饰（4）　　　　　图 2-2-14　整形装饰（5）

2. 五叶片法式造型面包制作

想一想

为什么粘种子
需要用水，粘
面皮需要用
油？

图 2-2-15　五叶片法式造型面包成品图

表 2-2-7　五叶片法式造型面包操作要点

面团温度	25℃
基础发酵	室温（26℃），60 min
分割、预整形	500 g/ 个，整形成圆形；剩余面团擀成厚度为 0.2 cm 的面皮
中间醒发（松弛）	将面团放置在室温（26℃）下松弛 30 min；面皮冷冻
整形装饰	（1）取出松弛好的面团，用擀面杖将面团稍加擀扁，在表面放上模具，用切面刀切出形状，将切开部位的两侧面团折在面团底部，如图 2-2-16 所示； （2）取出冻好的面皮，用模具刻出形状，并在表面喷上水，粘上奇亚籽，然后在面皮边缘刷上少许橄榄油，盖在面团上，如图 2-2-17 所示
最后发酵	室温（26℃），45 min
整形装饰	模具筛粉，如图 2-2-18 所示
烘烤	上火 250℃、下火 230℃，蒸汽 5s，25~28 min

（1）　　　　　　　（2）　　　　　　　（3）　　　　　　　（4）

图 2-2-16　整形装饰（1）

（1）　　　　　　　（2）　　　　　　　（3）

图 2-2-17　整形装饰（2）

（1）　　　　　　　（2）

图 2-2-18　整形装饰（3）

思考与练习

1. 是否可以用甜面包面团制作出本任务中的造型面包？

2. 查阅资料（如花纹样式、雕塑、人物等），选择一款进行面包造型的联想设计，并说明设计思路及可能的呈现方法。

3. 技能训练：请使用本任务中的面包面团，练习制作"拓展学习"中的两款造型面包，其中模具可以另选其他样式，或使用胶片纸等硬质材料依据图示裁剪制作。

模块三

起酥面包的制作

起酥面包是指具有多层次的、酥脆的面包。含油量高，香气十分浓郁，造型多变，可与多类馅料搭配组合，在全世界范围内都拥有强大的市场。

　　本模块融合了世界技能大赛烘焙项目中起酥面包相关产品内容，共涉及两个典型任务，分别是牛角包（Croissants）的制作和花式起酥面包（Danish Pastries）的制作，主要介绍了起酥面团的制作、牛角包整形、馅料及花式起酥组合等操作技术及注意事项。

图 3-0-1　起酥面团开酥后的分割与整形

任务 1　牛角包的制作

 学习目标

1. 能运用正确的方法制作起酥面团。
2. 能运用恰当的方法储存起酥面团。
3. 能运用正确的方法独立制作牛角包。
4. 能利用数学思维理解起酥面团的层次变化。
5. 能规范操作设备，养成良好的安全操作习惯。

 情景任务

　　烘焙店准备制作一批起酥类面包用于促销活动。为更好地安排时间，店长要求你和同事先集中制作一批起酥面团，便于后期使用时直接进行整形。因此你需要熟悉起酥面团的制作标准及重点，学会妥善储存面团，并用此面团制作不少于 10 个牛角包用于活动预告的展示，成品应样式标准且层次分明。

 思路与方法

　　制作起酥面包之前，首先需要了解起酥面团的特点和制作要点。

一、起酥面团的特点是什么？

　　一般的面包面团是面粉、水、酵母等搅拌形成的面团整体，起酥面团则是将面团和油脂（或油脂面团）通过包裹、折叠的方式组合在一起，形成多层次结构。

　　将油脂和冷面团组合在一起一般有两种方式：一是冷面团包起油脂，即传统千层制作方法，俗称"面包油"；二是油脂包起冷面团，即反式千层制作方法，俗称"油包面"。

　　现代面包制作中常使用"面包油"的方法，其中的油脂也多用片状黄油直接代替。

想一想

两种不同的组合方式各有什么优缺点？

二、"面包油"常见的包起方式有哪些？

1. 包起方式（一）

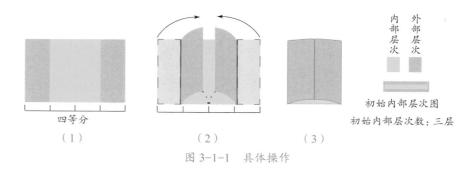

四等分

（1） （2） （3）

初始内部层次图

初始内部层次数：三层

图 3-1-1　具体操作

（1）先将冷面团擀成长方形，然后将片状黄油敲打擀压至冷面团的一半大小（长约等于冷面团的宽边，宽约等于冷面团长边的一半），再将左右两边面皮向中间折叠，如图 3-1-1 所示。

（2）成形后的面团层次比为：外部层次（主动方 / 包起方）数：内部层次（被动方 / 被包起方）数 = 2∶1

2. 包起方式（二）

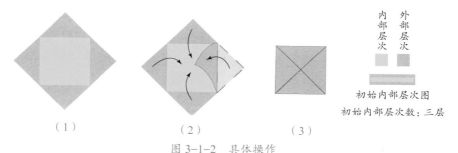

（1） （2） （3）

初始内部层次图

初始内部层次数：三层

图 3-1-2　具体操作

（1）先将冷面团擀成正方形，然后将片状黄油敲打擀压至冷面团的一半大小（边长为冷面团边长的一半），再将前后左右四边面皮向中间折叠，如图 3-1-2 所示。

（2）成形后的面团层次比为：外部层次（主动方 / 包起方）数：内部层次（被动方 / 被包起方）数 = 2∶1

3. 包起方式（三）

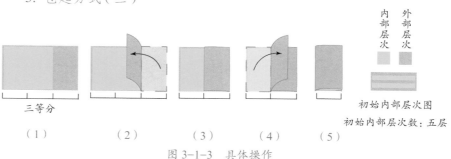

三等分

（1） （2） （3） （4） （5）

初始内部层次图

初始内部层次数：五层

图 3-1-3　具体操作

（1）先将冷面团擀成长方形，然后将片状黄油敲打擀压至冷面团的 2/3（宽度相等，长约等于冷面团长边的 2/3），接着将右边面皮向中间折叠，再将左边面皮连着片状黄油向中间折叠，如图 3-1-3 所示。

（2）成形后的面团层次比为：外部层次（主动方 / 包起方）数：内部层次（被动方 / 被包起方）数 = 3：2

提示

油层与面层混合时对湿度有一定的要求。温度过高会使层次中的黄油软化，导致层次不成形；温度过低会使黄油质地过硬，引发层次断裂。

三、起酥面团的开酥方法有哪些？

将组合的冷面团和油脂通过反复折叠进行层次的倍次增加，可形成多层次结构。通常有三倍次、四倍次，即三折、四折，每折叠一次，包起方式形成的面油层都会倍增。折叠形成层次的过程也被称为开酥。

1. 三折方式

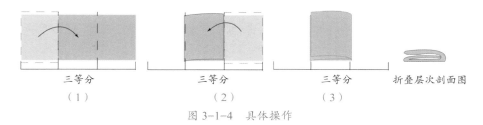

三等分　　　　　　三等分　　　　　　三等分　　　　折叠层次剖面图
（1）　　　　　　　（2）　　　　　　　（3）

图 3-1-4　具体操作

（1）先将完成包油的面团擀压至一定厚度，呈长方形，然后将面皮长边三等分，将一侧的 1/3 向中间折叠，再将另一侧的 1/3 向中间折叠，完成一次三折，如图 3-1-4 所示。

（2）采用三折方式进行一次整体折叠后，内部油层的层次数变成原来的三倍。可以与其他折叠方式进行综合折叠，以达到较合理的层次数。

想一想

是否可以利用数学公式计算出一个面团的总层次数目？

2. 四折方式（一）

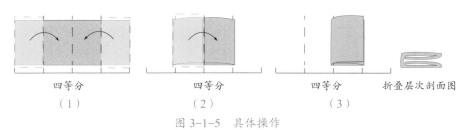

四等分　　　　　　四等分　　　　　　四等分　　　　折叠层次剖面图
（1）　　　　　　　（2）　　　　　　　（3）

图 3-1-5　具体操作

提示

每次折叠后须观察黄油状态，以确定面团是否需要放入冰箱低温松弛。

（1）先将完成包油的面团擀压至一定厚度，呈长方形，然后将面皮长边四等分，将一侧的 1/4 向同侧的第二个 1/4 折叠，接着以同样的方式完成另一侧的折叠，再将面皮整体对折一次，完成一次四折，如图 3-1-5 所示。

（2）采用此方式进行一次整体折叠后，内部油层的层次数变成原来的四倍。可以与其他折叠方式进行综合折叠，以达到较合理的层次数。

3. 四折方式（二）

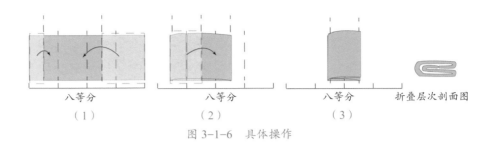

八等分　　　　　八等分　　　　　八等分　　折叠层次剖面图
（1）　　　　　（2）　　　　　（3）

图 3-1-6　具体操作

（1）先将完成包油的面团擀压至一定厚度，呈长方形，然后将面皮长边八等分，将一侧的 1/8 向同侧的第二个 1/8 折叠，接着将另一侧的 3/8 向同侧的第二个 3/8 折叠，再将面皮整体对折一次，完成一次四折，如图 3-1-6 所示。

（2）采用此方式进行一次整体折叠后，内部油层的层次数变成原来的四倍。可以与其他折叠方式进行综合折叠，以达到较合理的层次数。

想一想

面团的层次是否越多越好？

想一想

日常生活中有哪些与起酥面团原理类似的食品？

四、起酥面团酥脆的原理是什么？

起酥面团又称千层面团，主要通过油与面折叠的方式形成不融合的层次，后期再通过多次折叠形成多层不融合的结构。油脂被均匀地折入面皮之间，经高温加热烘烤，面团内部的水分转化成水蒸气，层与层在水蒸气的压力下逐渐分离，面皮之间的油脂将面层分开，加之水蒸气的膨发将面皮撑起，肉眼可见的层次与千层酥皮特有的酥脆口感由此形成。

 活动

活动一：起酥面团（Croissant—Laminated Dough）制作

1. 配方

表 3-1-1　面团配方

材料	烘焙百分比	用量
T45 面粉	100 %	500 g

（续表）

材料	烘焙百分比	用量
细砂糖	13 %	65 g
鲜酵母	4 %	20 g
食盐	2 %	10 g
鸡蛋	5 %	25 g
水	33 %	165 g
牛奶	10 %	50 g
黄油（搅拌用）	8 %	40 g
片状黄油（包入油脂）	/	280 g

2. 制作过程

（1）将材料混合搅拌至面筋完全扩展阶段，出面温度为22℃～24℃。

（2）将面团放置在室温（26℃）下基础发酵20 min。

（3）用擀面杖将面团擀成近似长方形，然后根据面团的大小，将包入的黄油片敲打至方形，放在面团中央，如图3-1-7所示。

（1）

（2）

图3-1-7　包油（1）

注意事项

黄油片宽度要近似面团宽度，黄油片长度约等于面团长度的一半，这样可以使面团更好地包裹住黄油。

将面团两边向中间折叠，并用刀在两边弯折处上下各割出一个刀口，如图3-1-8所示。

提示

擀开面团后，可以先放入速冻（－25℃左右）急速降温，再放入冰箱冷藏保存。急速降温可以抑制面团发酵，同时使面团保持一定的硬度，接近包入的黄油片的质地。

提示

割口是为了在后期擀压时能使面团和黄油更好地延伸。

（1） （2）

图 3-1-8 包油（2）

> **注意事项**
>
> 包油过程中可稍稍拉伸面团，使面团对接处更好地对齐。

用擀面杖按压对折的表面，如图 **3-1-9** 所示。

图 3-1-9 包油（3）

> **注意事项**
>
> 用擀面杖按压面团表面时，力度要适中，因为力度过大会使内部黄油片断裂，力度过小又达不到粘合效果。

提示

开酥机比人工开酥更稳定。

（4）先将面团以对折线垂直于压面口的方式放入开酥机，擀压成长方形面片。然后进行一次四折，成形后的外部面团是四层。接着继续擀压，进行一次三折，成形后的外部面团是三层。整个开酥过程如图 3-1-10 所示。

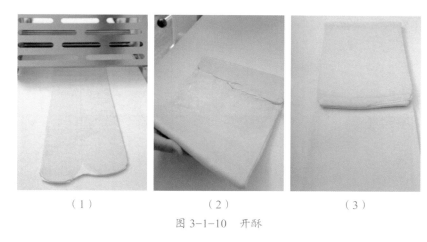

（1）　　　　　　　　（2）　　　　　　　　（3）

图 3-1-10　开酥

　　放入冰箱冷藏保存，待使用时取出。最终形成的面团切面如图 3-1-11 所示。

图 3-1-11　面团切面图

　　（5）面团经过包起和折叠（开酥）后既可以直接使用，也可以长时间放于冰箱冷冻储存。储存方式多变，常用的有块状式储存和面皮式储存。

　　块状式储存，就是先将面团采用三折或四折的方式整理成方块状，然后直接包上保鲜膜密封，放入冰箱冷冻储存，可储存 3～6 个月，如图 3-1-12 所示。拿出后须先回温，擀压后再使用。

图 3-1-12　块状式储存

面皮式储存，就是将块状面团擀压成一定厚度的面皮，放在平板上，以保鲜膜或油纸为隔离，可叠放多张面皮，然后整体包上保鲜膜密封，放入冰箱冷冻储存，可储存 3～6 个月，如图 3-1-13 所示。使用时直接拿出回温即可。

（1）

（2）

图 3-1-13　面皮式储存

活动二：牛角包制作

图 3-1-14　牛角包成品图

面团用量：1155 g
制作数量：12 个

1. 配方

配方比例参照本模块任务 1 的活动一。

2. 制作过程

步骤（1）~（4）参照活动一"起酥面团制作"。

（5）取出冷藏好的面团，放入开酥机，擀压至厚度为 0.4 cm，宽度为 32 cm，长度不限。然后将面团边缘的多余部分裁掉，裁成底边为 10 cm、高为 30 cm 的等腰三角形（每个约 78 g）。接着在面团底边中间切开 1 cm，从切开处向外折叠并搓开、搓长。再将面团卷起，切记不要卷得过紧，防止后期烘烤断裂。最后把面团弯成牛角状。如图

3-1-15 所示。

（1）　　　　　（2）　　　　　（3）

图 3-1-15　整形

（6）用毛刷在面包表面刷上一层蛋液（保持面团表面湿度），如图 3-1-16 所示。放入醒发箱，以温度 28℃、湿度 80%，发酵 90 min。

（7）取出发酵好的面包，再在表面刷上一层蛋液，如图 3-1-17 所示。以上火 200℃、下火 190℃，烘烤 12～15 min。

想一想

如果使用的是风炉，需要将温度及时间大致控制在什么范围？

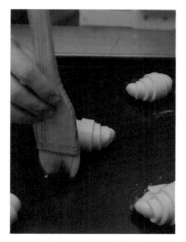

图 3-1-16　刷蛋液

图 3-1-17　烤前刷蛋液

总结评价

1. 依据世界技能大赛相关评分细则，本任务的评分标准详见下页表，总分为 10 分。

表 3-1-2　任务评价表

分项名称	类型	评价项目	评分标准	分值	得分
职业素养	客观	环境及个人卫生	地板、操作台等空间环境及个人卫生（包括工服）干净，得 0.5 分；存在任何不合规现象，计 0 分	0.5	
	主观	安全操作	娴熟且安全地使用工器具，得 0.5 分；工器具操作不熟练或个别工器具使用存在安全隐患，计 0 分	0.5	
产品制作	客观	产品重量规格	同款产品重量相差不超过 6 g，得 1 分；超过此范围，计 0 分	1	
	主观	产品外观	有非常好看的层次，形状美观且大小一致，得 2 分；有层次但不够均匀，形状不够美观，得 1 分；没有层次，形状不美观，计 0 分	2	
	主观	产品烘烤质量	呈现出完美的金黄色，有光泽，得 2 分；色泽有些暗淡，缺少光泽，得 1 分；烘烤过度或烘烤不足，计 0 分	2	
	主观	产品香气和味道	有浓郁的黄油和发酵的香气，口味均衡，得 2 分；香气很弱，口味不够均衡，得 1 分；有奇怪的气味或味道，计 0 分	2	
	主观	产品内部组织	有非常漂亮的内部层次和均匀的气孔，得 2 分；有层次，气孔基本均匀，得 1 分；内部层次不分明，气孔不均匀，计 0 分	2	

2. 操作要点总结如下表所示。

表 3-1-3　操作要点

面团温度	24℃
基础发酵	室温（26℃）20 min（根据实际情况，可通过速冻和冷藏的方式调整面团的温度及质地用以匹配包入的黄油）
包油	组合面团与片状黄油

（续表）

开酥	四折一次，三折一次
整形	牛角状
最后发酵	温度 28℃、湿度 80%，90 min
烘烤	上火 200℃、下火 190℃，12~15 min

利用数学思维理解起酥面团的层次变化

从包起到折叠，不同制作、组合方式得到的层次数是不一样的。以"思路与方法"中的包起方式（一）为例，假设我们将冷面团与油脂组合在一起，后期通过三折、四折来制作一款传统千层，其内部层次变化如图 3-1-18 所示。

想一想

如果使用"油包面"的方式制作千层面团，其层次将如何变化？对口感又有怎样的影响？

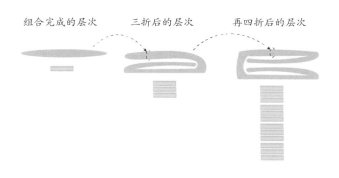

组合完成的层次　　三折后的层次　　再四折后的层次

面层：2	面层：2×3	面层：2×3×4
油层：1	油层：1×3	油层：1×3×4
总层次：3	总层次：9	总层次：36

图 3-1-18　千层面团内部层次变化

折叠的次数越多，形成的千层面团的内部面油层就越多，但这并不意味着无限次折叠就一定更好。随着层次数越来越多，层次也会变得越来越薄，到达一定程度后，面油层开始模糊，会出现层次不明的情况，造成糊层，进而影响成品质量。

 思考与练习

1. 如果纯手工进行开酥，需要注意哪些细节？

2. 查阅资料，了解起酥面包的历史起源，并思考起酥面包在全世界受欢迎的原因。

3. 技能训练：本任务中使用的包起方式是"面包油"，请使用"油包面"的方式制作起酥面团，并出品一款产品，样式自定。

任务 2 花式起酥面包的制作

学习目标

1. 能说出花式起酥面包的制作工序。
2. 能对起酥面团进行调色。
3. 能制作含凝胶剂的冷冻馅料。
4. 能制作含馅起酥面包。
5. 能正确使用工具和设备,遵守食品安全法规。

情景任务

在上一任务的基础上,店长要求你和同事使用调色材料制作一款双色起酥面包和一款含凝胶类馅料起酥面包,总量在 30 个左右。

思路与方法

花式起酥面包有多种制作方法,就本次任务中的双色起酥面包制作而言,需要先知道起酥面团的调色方法及组合方法。调色面团在模块一任务 4 中已有所涉及,本次制作中需要注意双色起酥面团组合的不同之处,知道如何使用凝胶材料制作面包馅料,以及如何将其与面包面团正确地组合在一起。

一、双色起酥面团的组合方式是什么?

1. 面团的调色工序

起酥面包的面团调色须在包油、折叠工序之前,即在面团搅拌之后,取原色面团混合调色材料进行调色。

2. 双色起酥面团的组合

制作双色起酥面团时,为避免增加难度,一般只选取一种冷面团(调色面团或原色面团)与片状黄油进行开酥,形成多层次结构后,再与其他颜色的冷面团组合。

提示

两种不同颜色的面团只需有一种参与开酥操作即可。

组合前，先将两者整形至大小相当，然后在粘连面刷上一些水，使两者上下紧密贴合，如图 3-2-1 所示。

千层面团　　　原色冷面团＋调色材料＝调色面团　　　多色千层面团

图 3-2-1　双色起酥面团的组合方式

二、凝胶类冷冻馅料的特点是什么？

1. 需要使用凝胶剂

凝胶剂，又称胶凝剂、凝结剂，是一种特殊的增稠剂。其主要原理是外部添加物质在水溶液中发生某些改变，当增稠剂浓度达到一定数值，而液体体系又达到一定要求时，水分子的自由活动受到阻碍，体系的黏度增大，最终使多种物质保持在一个稳定状态。

凝胶剂的特殊之处是在一定含量的情况下可以帮助液体变成固体，形成凝胶。需要注意的是，只有一些特殊的增稠剂才能形成凝胶现象。

2. 需要放置在低温环境下固形

常用的凝胶剂对环境有要求，先通过高温与其他材料融合，再通过低温使内部组织固定在某一特定状态。

3. 需要在面团烘烤后再与之组合

一般的凝胶剂都具有热可逆性，在低温环境下会形成凝胶或浓稠物质，在高温环境下又会形成液态，无法维持稳定的状态，所以凝胶类馅料通常在面团烘烤后与之组合。

提示

凝胶剂在慕斯中应用得较多。

三、常见凝胶剂的使用方法有哪些？

1. 吉利丁片

使用吉利丁片的具体流程如图 3-2-2 所示。

（1）将吉利丁片放入冰水中泡软，一般吉利丁与冰水的重量比为 1∶6～1∶4。

（2）捞出吉利丁片沥干水分，再放进热的溶液中化开，或待吉利丁片融化后将其与其他液体材料混合。

提示

凝胶材料融化后应尽快使用，避免凝固。

（1）　　　　　　　　（2）

图 3-2-2　吉利丁片的使用方法

2. 吉利丁粉

吉利丁粉的使用方法与吉利丁片类似，具体流程如图 **3-2-3** 所示。

（1）准备好吉利丁粉和适量的水。

（2）将水倒入吉利丁粉中。

（3）静置或放入冰箱冷藏至凝固。

（4）取出后隔水加热至融化，使其呈完全融合的液体状态。

（5）加入酱汁中，搅拌均匀即可。

（1）　　　　（2）　　　　（3）　　　　（4）

（5）　　　　（6）　　　　（7）

图 3-2-3　吉利丁粉的使用方法

3. 果胶粉

果胶粉粉质较轻，如果直接与液体接触，会自然形成粉质抱团，很难化开。所以使用前，应先将果胶粉与其他材料混合均匀，降低果胶粉的粉质密度，再与液体材料混合。一般情况下，可选择将果胶粉与细砂糖混合在一起，具体流程如图 **3-2-4** 所示。

（1）将细砂糖与果胶粉搅拌均匀。

（2）将混合物放入果酱中。

（3）加热煮沸，维持沸腾 1~2 min 后离火。（之后可入模，冷藏使其成形）

提示

果胶粉更适用于水果类制品的增稠。

111

（1）　　　　　　　　（2）

（3）　　　　　　　　（4）

图 3-2-4　果胶粉的使用方法

4. 琼脂

对琼脂条而言，可先用凉水泡软，捞出后与液体一起加热至化开，如图 3-2-5 所示。琼脂粉则可直接放入液体中煮沸至化开。

图 3-2-5　琼脂条的使用方法

 活动

活动一：双色可颂（Bicolored Croissant）制作

面团用量：1185 g
制作数量：12 个

图 3-2-6　双色可颂成品图

1. 配方

原色起酥面团的配方比例参照本模块任务 1 的活动一，巧克力面皮的配方如下表所示。

表 3-2-1　巧克力面皮配方

材料	用量
原色起酥面团	200 g
可可粉	15 g
牛奶	10 g
黄油	5 g

2. 制作过程

（1）先将面团配方中除片状黄油以外的材料放入搅拌缸中搅拌至面筋扩展阶段，制作成原色面团，然后取 200 g 原色面团，加入可可粉、牛奶和黄油，充分搅拌均匀，如图 3-2-7 所示。

（1）　　　　　　（2）　　　　　　（3）

图 3-2-7　搅拌

（2）将原色面团和巧克力面团分别整理光滑，如图 3-2-8 所示。原色面团放置在室温（26℃）下发酵 20 min，巧克力面团则放入冰箱冷藏备用。

（1）　　　　　　　　　　　　　　（2）

图 3-2-8　基础发酵

（3）将发酵好的原色面团擀成长方形放在烤盘上。先速冻（-25℃）

想一想

为什么面团发酵后要进行低温处理？

30 min，然后放入冰箱冷藏 20 min。接着将片状黄油敲打成边长为 22 cm 的正方形，增强油脂的延展性。再取出原色面团，擀压至油脂的 2 倍大，并把油脂包入。最后将面团两侧切开，用擀面杖稍加擀压，使面团和油脂更贴合。如图 3-2-9 所示。

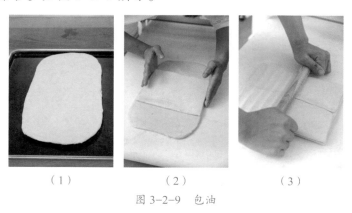

（1）　　　　　　（2）　　　　　　（3）

图 3-2-9　包油

（4）先将包好油脂的面团用开酥机擀压至厚度为 0.5 cm。然后进行一次四折，并将折好的面团擀压至厚度为 0.6 cm。接着进行一次三折，将面团先冷冻 15 min，再冷藏 20 min。如图 3-2-10 所示。

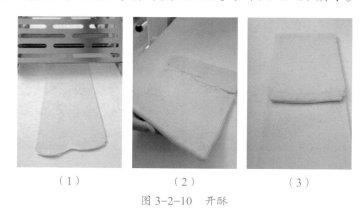

（1）　　　　　　（2）　　　　　　（3）

图 3-2-10　开酥

注意事项

　　先冷冻再冷藏是根据面团制作状态而定的，确切地说，是根据黄油状态而定的。如果内部油脂层次经过反复折叠出现较严重的软化，甚至融化，则需要立即调整制作节奏，将面团冷藏松弛片刻。

提示

开酥机型号不同，擀压的宽度也可能不同。

（5）取出巧克力面团，将其擀压至和原色面团同样大小。然后在原色面团表面刷上少许水，将巧克力面皮贴在原色面团上。接着将制作好的双色面团放入开酥机，擀压至厚度为 0.5 cm，宽度为 32 cm。再将面团边缘的多余部分裁掉，裁成底边为 10 cm、高为 30 cm 的等腰三角形。最后将切好的面团卷起，切记不要卷得过紧，防止后期烘烤断裂。如图 3-2-11 所示。

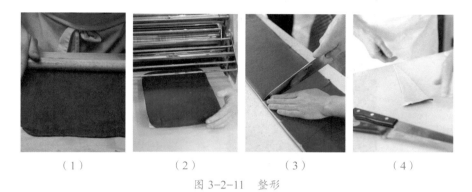

（1）　　　　　（2）　　　　　（3）　　　　　（4）

图 3-2-11　整形

（6）用毛刷在面包表面刷上一层蛋液（保持面团表面湿度），如图 3-2-12 所示。放入醒发箱，以温度 28℃、湿度 80%，发酵 90 min。

提示

蛋液应只刷表面，不刷侧面，避免影响层次的展现。

图 3-2-12　刷蛋液

（7）取出发酵好的面包，再在表面刷上一层蛋液，以上火 200℃、下火 190℃，烘烤 12~15 min，如图 3-2-13 所示。

（1）　　　　　　　　（2）

图 3-2-13　烘烤

活动二：椰风加勒比（Danish—Coconut）制作

面团用量：1155 g
制作数量：18 个

图 3-2-14　椰风加勒比成品图

1. 配方

原色起酥面团的配方比例参照本模块任务 1 的活动一，椰子果茸饼、椰子利口酒面糊与装饰材料的配方如下表所示。

表 3-2-2　椰子果茸饼配方

材料	用量
椰子果茸	180 g
细砂糖	40 g
椰蓉	20 g
吉利丁片	3 g
耐高温巧克力豆	适量

表 3-2-3　椰子利口酒面糊配方

材料	用量
黄油	85 g
细砂糖	40 g
全蛋	85 g
椰子利口酒	40 g
椰蓉	85 g
耐高温巧克力豆	30 g

表 3-2-4　装饰材料配方

材料	用量
杏仁条	适量
糖粉	适量
可可粉	适量
树莓粉	适量

2. 制作过程

（1）椰子果茸饼制作

先提前将吉利丁片放在冰水中泡软，然后将椰子果茸和细砂糖倒入锅中，加热搅拌至沸腾。离火后加入泡软的吉利丁片，用刮刀搅拌均匀。接着加入椰蓉，充分搅拌均匀。再倒入 8 连硅胶模具中，表面撒上耐高温巧克力豆，放入冰箱冷冻至凝固。如图 3-2-15 所示。

提示

模具也可以用其他类型代替，但需要与后期的模具大小匹配。

（1） （2） （3） （4）

图 3-2-15 椰子果茸饼制作

（2）椰子利口酒面糊制作

先将提前放置在室温下软化的黄油和糖粉倒入盆中，搅拌至黄油微微发白。然后加入全蛋，用打蛋器搅拌均匀。接着加入椰子利口酒和椰蓉，充分搅拌均匀。再加入耐高温巧克力豆，搅拌均匀后使其呈面糊状。最后装入裱花袋，挤入 8 连硅胶模具中，待冷冻凝固即可。如图 3-2-16 所示。

提示

此馅料将与面团一起烘烤，先期冷冻只是为了能够更好地固定其外形。

（1） （2） （3） （4）

图 3-2-16 椰子利口酒面糊制作

（3）面包制作

① 将面团配方中除片状黄油以外的材料放入搅拌缸中搅拌至面筋扩展阶段。

② 取出面团，放置在室温（26℃）下发酵 20 min。

③ 将发酵好的面团擀开放在烤盘上，先速冻（-25℃）30 min，然后

冷藏 20 min。接着将片状黄油敲打成边长为 22 cm 的正方形，增强油脂的延展性。再取出面团，擀压至油脂的 2 倍大，并把油脂包入。最后将面团两侧切开，用擀面杖稍加擀压，使面团和油脂更贴合。

④ 先将包好油脂的面团用开酥机擀压至厚度为 0.5 cm。然后进行一次四折，将折好的面团擀压至厚度为 0.6 cm，并在面团表面筛上一层树莓粉。接着进行一次三折，将面团先冷冻 15 min，再冷藏 20 min。如图 3-2-17 所示。

（1）　　　　　（2）　　　　　（3）　　　　　（4）

图 3-2-17　开酥

提示

选用的圆形模具型号是 SN6201，可用其他模具代替，但需要与馅料模具大小匹配。

⑤ 将制作好的面团放入开酥机，擀压至厚度为 0.4 cm，宽度为 30 cm。然后将面团边缘的多余部分裁掉，裁成边长为 14 cm 的等边三角形（每个约 60 g）。接着将面团放置在圆形模具中。如图 3-2-18 所示。

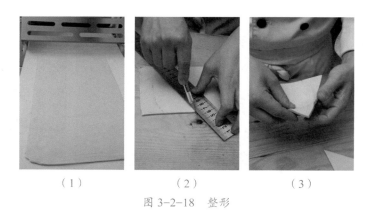

（1）　　　　　（2）　　　　　（3）

图 3-2-18　整形

⑥ 用毛刷在面包表面刷上一层蛋液（保持面团表面湿度）。放入醒发箱，以温度 28℃、湿度 80%，发酵 90 min。

⑦ 取出发酵好的面包，再在表面刷上一层蛋液。将制作好的椰子利口酒面糊馅料放入面团中，并在面团边角处放上少许杏仁条，以上火 200℃、下火 190℃，烘烤 12～15 min。如图 3-2-19 所示。

（1）

（2）

图 3-2-19 烘烤

⑧ 出炉冷却后，先在面包两角筛上糖粉，再在另一角筛上可可粉，最后将制作好的椰子果茸饼放入中心，如图 3-2-20 所示。

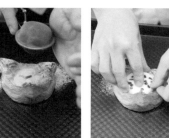
（1）   （2）   （3）

图 3-2-20 装饰

想一想

本产品使用的两款馅料在使用材料、制作方法、与面团组合的方法上有哪些不同之处？

 **总结评价**

1. 依据世界技能大赛相关评分细则，本任务的评分标准详见下表，总分为 20 分。

表 3-2-5 任务评价表

分项名称	类型	评价项目	评分标准	分值	得分
职业素养	客观	环境及个人卫生	地板、操作台等空间环境及个人卫生（包括工服）干净，得 2 分；存在任何不合规现象，计 0 分	2	
	主观	安全操作	娴熟且安全地使用工器具，得 2 分；工器具操作不熟练或个别工器具使用存在安全隐患，计 0 分	2	

（续表）

分项名称	类型	评价项目	评分标准	分值	得分
产品制作（双色可颂）	客观	产品重量规格	同款产品重量相差不超过 6 g，得 2 分；超过此范围，计 0 分	2	
	主观	产品外观	有非常好看的层次，形状美观，色泽美观，得 2 分；有层次但不够均匀，形状不够美观，色泽均匀，得 1 分；没有层次、形状不美观，计 0 分	2	
	主观	产品香气和味道	有浓郁的黄油和发酵的香气，巧克力与面团组合得很好，得 2 分；香气和味道均衡，巧克力与面团组合得一般，得 1 分；有奇怪的香气或味道，计 0 分	2	
	主观	产品内部组织	有非常漂亮的内部层次和均匀的气孔，得 2 分；有层次，气孔基本均匀，得 1 分；内部层次不分明，气孔不均匀，甚至没有气孔，计 0 分	2	
产品制作（花式含馅起酥面包）	客观	产品重量规格	同款产品重量相差不超过 10 g，得 2 分；超过此范围，计 0 分	2	
	主观	产品外观	外观美观且有吸引力，有光泽，得 2 分；形状均匀，外观良好，得 1 分；烘烤过度或烘烤不足，形状不统一，计 0 分	2	
	主观	产品烘烤质量	烘烤适度，视觉效果完美，得 2 分；烘烤的颜色和色泽基本均匀，得 1 分；烘烤的颜色和色泽不够均匀，或过度或不足，计 0 分	2	
	主观	馅料制作	馅料搭配完美，味道很棒，得 2 分；馅料搭配均衡，味道良好，得 1 分；馅料搭配不够均衡，味道没有特征，甚至奇怪，计 0 分	2	

2. 操作要点总结如下表所示。

表 3-2-6　双色可颂操作要点

面团温度	24℃

（续表）

基础发酵	将原色面团放置在室温（26℃）下 20 min，速冻 30 min，冷藏 20 min；巧克力面团冷藏备用
包油	组合原色面团与片状黄油
开酥	四折一次，三折一次
分割、整形	组合双色面团，羊角状
最后发酵	温度 28℃、湿度 80 %，90 min
烘烤	上火 200℃、下火 190℃，12 ～ 15 min

表 3-2-7　椰风加勒比操作要点

馅料制作	椰子果茸饼、椰子利口酒面糊
面团温度	24℃
基础发酵	室温（26℃）20 min，速冻 30 min，冷藏 20 min
包油	组合原色面团与片状黄油
开酥	四折一次，三折一次
分割、整形	边长为 14 cm 的等边三角形（每个约 60 g）
最后发酵	温度 28℃、湿度 80 %，90 min
组合装饰 1	组合椰子利口酒面糊与杏仁条
烘烤	上火 200℃、下火 190℃，12 ～ 15 min
组合装饰 2	组合椰子果茸饼，筛粉

 拓展学习

吉利丁产生凝胶效果的原因

　　吉利丁是烘焙中最常用的凝胶产品，英文名为 gelatin，主要成分是明胶。明胶是胶原蛋白进行加热处理后生成的一种产物，是一种大分子胶体。明胶溶于热水，不溶于冷水，但会缓慢吸水膨胀软化，吸收相当于自身重量 5 ～ 10 倍的水。

　　明胶类产品的使用、储存都很方便。由明胶制作的产品感官性能优良，因其熔点接近人体温度，所以会让人产生入口即化的口感体验。

　　为什么明胶类产品使用之前需要用冷水浸泡软化呢？因为明胶制品

提示

不同品牌、品类的吉利丁因含有的明胶浓度不同，所产生的凝胶效果也有些许差别。明胶类产品品质由"布伦数"衡量，布伦数越高，产品的凝结力越强。

经过干燥等工序，需要重新与水混合才能使分子变得活跃，提前泡水可以加快明胶在后续过程中的溶解速度。

明胶来源于生物胶原的变性，是一种混合产物，没有固定的结构和相对分子量，物理性质也与大多数蛋白质相差较大。一般蛋白质受热后会慢慢展开，然后彼此产生键结，持续加热后会成为不可逆的网络结构，形成固态，如煮制后的鸡蛋。经过一般性加热后，明胶分子也会四散发生碰撞，并开始键结，但结合力量不大，对分子的束缚能力较小。冷却后，分子运动减慢，因明胶分子比较长，所以分子交缠变得频繁，并逐渐形成结构，进而阻碍水分子移动，外观呈凝结状态。如果再度加热，明胶分子又会开始分散。

提示

夏天浸泡吉利丁时，可以放在冰箱冷藏。

图 3-2-21 分子分散　　图 3-2-22 分子受热碰撞　　图 3-2-23 内部结构
形成，外在凝结

如图 3-2-21 所示，明胶分子是胶原蛋白加热处理后的长链分子，在水溶液内呈分散式展开。

如图 3-2-22 所示，在加热环境下，水分子和明胶分子持续运动，相互碰撞。

如图 3-2-23 所示，当明胶溶液开始冷却，明胶分子也会相互交缠，逐渐形成网络结构，阻碍水分子移动，外在表现就是溶液慢慢变成凝胶状态。

思考与练习

1. 使用果胶粉和吉利丁制作的馅料有哪些不同之处？
2. 烤前组合的馅料与烤后组合的馅料分别有哪些特点？
3. 技能训练：请使用红色调色材料制作一款双色起酥面包。

模块四

特殊面包的制作

烘焙作为食品领域的一个分支，涉及食品加工的方方面面。除了特定产品（组）以外，世界技能大赛烘焙项目的考核内容还包括许多不确定的项目，比如以某些特定材料或特殊工艺设计制作完成一个面包等。

本模块融合了世界技能大赛烘焙项目中多类特殊面包相关产品内容，共涉及三个典型任务，分别是特殊材料（Special Ingredients）面包的制作、特殊成熟工艺（Special Way of Ripening）面包的制作和特殊造型（Special Shape）面包的制作，主要介绍了食品加工中的特殊材料种类及应用方法、特殊成熟工艺类型及技术背景、特殊造型及难点。通过学习世赛烘焙项目、市场经济活动中的常见产品类型与具体操作，你将掌握诸多特殊面包的设计、制作、应用等实践技能。

图 4-0-1　特殊材料面包面团的分割

任务 1　特殊材料面包的制作

学习目标

1. 能列举面包制作中特殊材料的种类及特性。
2. 能使用特殊材料创作面包产品。
3. 能根据食品安全相关法律法规的要求正确使用原材料。

情景任务

学校要举办一次创意面包比赛，你报名参加了多个项目，其中一组赛题是"特殊材料面包的制作"。指导老师建议你先熟悉各类烘焙材料的种类、特性及应用知识，对材料与面包组合的方式有所了解。此外，你还要了解更多相关材料的设计信息，确保该材料在面包中有突出表现。

思路与方法

从广义上来说，食品行业中的材料都可用于面包制作。基于面包制作工序，可从面包面团的基础风味与补充风味（组合馅料及装饰等环节）来考虑材料的使用与组合，要知道每类材料可能的使用方法，在保留风味的同时完成面包的基础制作。

想一想

你听说过哪些新奇的面包材料？

一、在面包基础制作中有哪些特殊材料？

1. 谷物粉

黑麦面粉、全麦面粉、有机石磨面粉常作为主要粉类参与面包制作，玉米粉、大豆粉、大米粉、藜麦粉、青稞、荞麦等其他谷物粉也常作为辅料参与制作，用来增加面包的风味。这类谷物粉虽然蛋白质含量较低，无法形成较高的筋力，但风味独特，代表性产品有黑麦面包、全麦面包等。

2. 酵母或含酵母类产品

在过去无法提取酵母时，人们制作面包多使用天然酵母，以水果、谷物等材料自带的微生物为主要发酵物。世界各地基于不同的气候、产物等条件，已生产出许多具有代表性的酵种。

3. 盐

盐被称为"百味之源"，能很好地衬托出其他食材的风味。粗盐常作为盐面包、欧式面包、德国碱水面包的表面装饰，烘烤稳定，耐高温，颗粒较大，风味突出。面包常用的粗盐品类有卡马格海盐、粗粒地中海海盐等。

4. 水

普通用水即可满足面包制作的基本需求。但在具体实践中，使用硬水可以让面筋变得更强劲，而且硬水中含有的多种矿物质对面包的外形和风味都起到了一定的积极作用。蒸馏水或矿物质含量较低的水不适宜制作面包。有些地区也会用当地特有的井水和泉水制作面包，风味比较独特。

提示

粗盐和细盐的主要成分都是氯化钠，但由于精加工程度不同，粗盐的杂质中还含有多种矿物质分子，这些分子水解后可以刺激味觉系统，食用口感比细盐更浓郁。

二、在面包制作中有哪些特殊的风味补充材料？

一些具有特殊风味、特殊质地的材料会对面包产品产生巨大的影响，它们有的可作为馅料或表面装饰，有的可参与面包面团的搅拌，常见类型如下：

（1）种子：奇亚籽、亚麻籽、葵花籽、南瓜子、黑芝麻、白芝麻、藜麦、莲子、咖啡豆等。

（2）水果、果干及坚果：榛子、核桃、腰果、葡萄干、蔓越莓、蓝莓干、草莓干、扁桃仁条、开心果等。

（3）肉类：风干火腿、午餐肉、培根等。

（4）乳制品：牛奶、奶酪、淡奶油等。

（5）酒及其制品：啤酒、薄荷酒、朗姆酒、红酒、白兰地、白酒、米酒、酒酿等。

（6）花、叶及其制品：桂花、玫瑰、茉莉、樱花、菊花、洛神花、香草等。

（7）蔬菜及其制品：甜菜根、土豆、西葫芦、西红柿、菠菜、玉米等。

（8）巧克力及其制品：黑巧克力、白巧克力、牛奶巧克力、可可粉等。

想一想

这些材料中有哪些可参与面包面团的搅拌？

三、如何使用特殊材料制作面包？

使用特殊材料制作面包，首先要明确其目的，保证特殊材料的风味能够充分展现，根据制作环境，或取其色，或取其味，或取其质，或取其形。在具体实践中，要充分发挥材料的特殊性来完成特性表达，同时应兼顾营养均衡和实用性。

1. 具有特殊色彩材料的使用

要选择合适的组合时间，注意加热、混合过程中的物理化学反应对色彩的影响，常用材料有南瓜粉、覆盆子汁 / 粉、蝶豆花汁 / 粉、可可粉、抹茶、咖啡粉及各类有色材料。

2. 具有特殊口味材料的使用

风味材料一般都具有明显的口味特征，既可直接参与面包面团的搅拌，也可采用间接的方式，比如使用红茶时，只用红茶茶水，不用茶叶。

3. 具有特殊质地材料的使用

特殊材料可能是本身质地特殊，抑或是经过搅拌形成特殊质地。以黑麦面粉、全麦面粉制作成的面团为例，它们不具备面筋形成的条件，由此形成的面包明显区别于一般的小麦面包。

4. 具有特殊形状材料的使用

水果、坚果等材料常和起酥面团、甜面包面团搭配，使用其原始形状可以提升产品的食欲感。种子也常用于花式法棍、造型面包的制作，可使面包呈现出质朴、手工的特点。蔬菜、水果、肉类等材料都具有明显的外形特征，与面包面团组合常能搭配出具有特异性的产品，比如三明治。进行材料组合时，切记健康与营养均衡是较受关注的细节。

想一想

你在日常生活中遇到过哪些含有特殊材料的面包？

活动

活动一：黑麦面包（Rye Bread）制作

图 4-1-1 黑麦面包成品图

面团用量：2527 g
制作数量：2 个
特殊材料：黑麦面粉

1. 配方

表 4-1-1　面团配方

材料	烘焙百分比	用量
T170 面粉（黑麦面粉）	100 %	1000 g
鲜酵母	0.5 %	5 g
食盐	2.2 %	22 g
固体酵种	55 %	550 g
水（65℃）	95 %	950 g
分次加水	8 %（有浮动）	80 g（有浮动）

2. 制作过程

（1）先调节水温至 65℃，然后将鲜酵母放入少量冷水中，使酵母溶解，制作成酵母溶液。接着将除鲜酵母以外的材料放入搅拌缸中低速搅拌至材料充分混合，并使面团温度有所下降。再加入酵母溶液，搅打至面团成团后，转快速搅打至面团表面光滑。如图 4-1-2 所示。

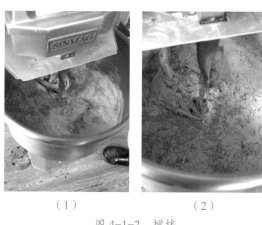

（1）　　　　　　（2）

图 4-1-2　搅拌

注意事项

　　本次面团使用的水温为 65℃，为避免酵母遇热失去活性，可用冷水化开后再与其他材料混合。

（2）取出面团，放置在室温（26℃）下发酵 90 min，如图 4-1-3 所示。

（1）　　　　　　　　（2）

图 4-1-3　基础发酵

（3）在藤条碗中筛上面粉，然后将面团二等分，接着将其四周轻轻塞入面团内部中心处，使面团呈圆形，如图 4-1-4 所示。

（1）　　　　　　　　（2）

图 4-1-4　分割、整形

（4）将分割好的面团放在藤条碗中，表面盖上保鲜膜，放置在室温（26℃）下发酵 45 min，随后放置在冰箱（1℃）15 min。最后发酵前的面团如图 4-1-5 所示。

（5）将面团倒扣在烤盘上，如图 4-1-6 所示。入烤箱，以上火 250℃、下火 250℃，喷蒸汽 5s，烘烤 5 min，使面团快速膨胀。再将烤箱温度调整为上火 220℃、下火 220℃，烘烤 50 min 即可。

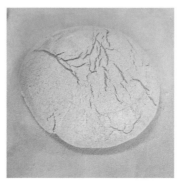

图 4-1-5　最后发酵前　　　　图 4-1-6　准备烘烤

活动二：洛神花玫瑰面包（Roselle Rose Bread）制作

面团用量：2456 g

制作数量：5 个

特殊材料：洛神花与玫瑰

图 4-1-7　洛神花玫瑰面包成品图

1. 配方

表 4-1-2　面团配方

材料	烘焙百分比	用量
T65 面粉	100 %	1000 g
红曲粉	0.8 %	8 g
海藻糖	3 %	30 g
鲜酵母	2 %	20 g
食盐	1.8 %	18 g
固体酵种	10 %	100 g
玫瑰花碎	3 %	30 g
水	75 %	750 g
洛神花干丁	25 %	250 g
核桃碎	20 %	200 g
玉米碎	5 %	50 g

提示

坚果、果干等外表坚硬，对面筋形成有影响，一般都在面团搅拌后期加入，稍稍混合即可。

2. 制作过程

（1）先提前将水与玫瑰花碎按 1∶1 的用量比进行混合、浸泡。然后将 T65 面粉、红曲粉、海藻糖、鲜酵母、食盐、固体酵种和水搅拌至面筋扩展阶段。接着加入浸泡后的玫瑰花碎、洛神花干丁、核桃碎和玉米碎搅拌均匀，直至面团能拉出较薄的筋膜。如图 4-1-8 所示。

（1）　　　　　　（2）　　　　　　（3）

图 4-1-8　搅拌

（2）将面团放置在室温（26℃）下发酵 80 min，并分割成若干个 450 g，如图 4-1-9 所示。

（3）将面团预整形成圆形，如图 4-1-10 所示。然后放在发酵布上，在室温（26℃）下松弛 20 min。

图 4-1-9　分割

图 4-1-10　预整形

（4）轻拍面团排气，整形成三角形，然后将收口处捏紧，翻面放置，如图 4-1-11 所示。

（1）　　　　　　　　（2）

图 4-1-11　整形

（5）将面团放置在室温（26℃）下发酵 60 min，如图 4-1-12 所示。

（6）取出面团，在表面摆放"福"字的过筛模具，并筛上一层面粉，然后用割刀在面团边角处各划 3 道刀口，如图 4-1-13 所示。入烤箱，以上火 250℃、下火 230℃，喷蒸汽 5s，烘烤 25～30 min。

图 4-1-12
最后发酵

（1）

（2）

图 4-1-13　准备烘烤

活动三：菲达奶酪大虾三明治（Feta Cheese Prawn Sandwich）制作

面团用量：1970 g
制作数量：12 个
特殊材料：各类种子与肉类、蔬菜等

图 4-1-14　菲达奶酪大虾三明治成品图

1. 配方

表 4-1-3　面团配方

材料	烘焙百分比	用量
T65 面粉	80 %	800 g
T85 面粉（黑麦面粉）	20 %	200 g
水	65 %	650 g

（续表）

材料	烘焙百分比	用量
鲜酵母	1%	10 g
食盐	1%	10 g
固体酵种	20%	200 g
棕色亚麻籽	2.5%	25 g
粗颗粒玉米粉	2.5%	25 g
浸泡用水	5%	50 g

表 4-1-4　馅料配方

材料	用量
苦菊	适量
紫罗马生菜	适量
生菜	适量
大虾（熟）	适量
奶酪	适量
芥末籽芥末调味酱	适量
亨氏沙拉醋	适量

2. 制作过程

（1）先将棕色亚麻籽和粗颗粒玉米粉放入浸泡用水中备用，然后在大虾中加入适量芥末籽芥末调味酱搅拌均匀，接着在所有蔬菜中加入适量亨氏沙拉醋和奶酪，搅拌均匀，如图 4-1-15 所示。

（1）　　　　　　（2）

图 4-1-15　馅料制作

（2）先将 T65 面粉、T85 面粉（黑麦面粉）、水倒入搅拌缸中慢速搅拌至无干粉状态，然后加入食盐、鲜酵母、固体酵种，搅拌至面团能拉出薄膜，接着加入浸泡后的棕色亚麻籽和粗颗粒玉米粉，慢速搅拌混合均匀，如图 4-1-16 所示。

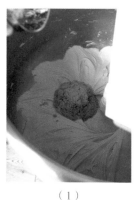

（1）　　　　　　　　　（2）

图 4-1-16　搅拌

（3）取出面团，放置在室温（26℃）下基础发酵 50 min，然后翻面，继续发酵 40 min，如图 4-1-17 所示。

（4）将发酵好的面团分割成若干个 160 g，如图 4-1-18 所示。

（5）拍平面团，将其折叠成椭圆形（参考"传统法棍制作"），然后将面团接口朝下，放在发酵布上，在室温（26℃）下松弛 30 min，如图 4-1-19 所示。

图 4-1-17　基础发酵　　　图 4-1-18　分割　　　图 4-1-19　中间醒发（松弛）

（6）用手掌拍压面团，使其排出多余的气体。然后将面团较为平整的一面朝下，从远离身体的一侧开始，折叠约 1/3。接着用手掌根将对接处按压紧实，再将面团搓成约 18 cm 的橄榄形长条。如图 4-1-20 所示。

（7）将面团放置在室温（26℃）下发酵 50～60 min，如图 4-1-21 所示。

（1）

（2）

图 4-1-20 整形

图 4-1-21
最后发酵

（8）取出面团，在表面筛上面粉。然后用刀片在面团中心处划出一道刀口。如图 4-1-22 所示。入炉落地烤，以上火 240℃、下火 230℃，喷蒸汽 5s，烘烤 18~23 min（视上色情况而定）。

提示

出炉前 3 ~ 5 min 打开风门，面包会变得更硬脆。

（1）

（2）

图 4-1-22 准备烘烤

（9）将冷却好的面包用锯刀切开，不要切断。然后在中间抹上一层芥末籽芥末调味酱，并将调制好的填馅材料夹在面包中间。如图 4-1-23 所示。

（1）

（2）

（3）

图 4-1-23 填馅

135

 总结评价

1. 依据世界技能大赛相关评分细则，本任务的评分标准详见下表，总分为 18 分。

表 4-1-5　任务评价表

分项名称	类型	评价项目	评分标准	分值	得分
职业素养	客观	环境及个人卫生	地板、操作台等空间环境及个人卫生（包括工服）干净，得 2 分；存在任何不合规现象，计 0 分	2	
	主观	安全操作	娴熟且安全地使用工器具，得 2 分；工器具操作不熟练或个别工器具使用存在安全隐患，计 0 分	2	
产品制作（黑麦面包）	客观	产品重量规格	同款产品重量相差不超过 10 g，得 2 分；超过此范围，计 0 分	2	
	主观	产品外观	技术正确，外观有漂亮的自然裂纹，得 2 分；技术正确，外观一致、美观，得 1 分；技术不正确，形状不一致，计 0 分	2	
	主观	产品香气和味道	香气和味道体现出卓越的黑麦面包风味，得 2 分；有黑麦的香气，发酵平衡，口味微酸，得 1 分；香气和味道不够强烈或过于强烈，不均衡，令人不悦，计 0 分	2	
	主观	产品内部组织	内部组织紧实，得 2 分；内部组织不够紧实，有特大气孔，得 1 分；内部组织过于湿润，烘烤不足，计 0 分	2	
产品制作（其他面包）	主观	产品香气和味道	特殊材料与小麦香气搭配完美，味道很棒，得 2 分；特殊材料不突出，香气和味道均衡，得 1 分；香气和味道失衡，计 0 分	2	
	主观	产品烘烤质量	烘烤适度，视觉效果完美，得 2 分；烘烤的颜色和色泽基本均匀，得 1 分；烘烤的颜色和色泽不够均匀，或过度或不足，计 0 分	2	

（续表）

分项 名称	类型	评价项目	评分标准	分值	得分
	主观	产品外观	外观美观且有吸引力，有光泽，得 2 分；形状均匀，外观良好，得 1 分；外观不均匀，烘烤过度或烘烤不足，计 0 分	2	

2. 操作要点总结如下表所示。

表 4-1-6 黑麦面包操作要点

面团温度	38℃
基础发酵	室温（26℃），90 min
分割	面团平均分割成 2 份（每个约 1300 g）
最后发酵	室温（26℃）45 min，放置在冰箱（1℃）15 min
烘烤	上火 250℃、下火 250℃，蒸汽 5s，5 min；上火 220℃、下火 220℃，50 min

表 4-1-7 洛神花玫瑰面包操作要点

面团温度	25℃
基础发酵	室温（26℃），80 min
分割	450 g / 个
预整形	圆形
中间醒发（松弛）	室温（26℃），20 min
整形	三角形
最后发酵	室温（26℃），60 min
烘烤	上火 250℃、下火 230℃，蒸汽 5s，25 ~ 30 min

表 4-1-8 三明治操作要点

面团温度	24℃
基础发酵	室温（26℃）50 min，翻面，发酵 40 min
分割	160 g / 个
预整形	椭圆形

（续表）

中间醒发（松弛）	室温（26℃），30 min
整形	约 18 cm 的橄榄形长条
最后发酵	室温（26℃），50~60 min
烘烤	上火 240℃、下火 230℃，蒸汽 5s，18~23 min
填馅	组合馅料

 拓展学习

面包中的营养均衡

近年来，"营养健康面包"的概念日益受到大众关注，可见食品营养在人们心目中越来越重要。在选择烘焙产品的材料时，既要追求口味，也应在营养均衡方面有所考量。

营养均衡是指各类营养素与能量均衡。通常把食物中能保证身体生长发育、维持生理功能和供给人体所需能量的物质称为营养素，糖类、脂类、蛋白质、维生素、无机盐（矿物质）和水被称为人体必需的营养素，即六大营养素，有些说法也将膳食纤维列为第七类营养素。

想一想

生活中的哪些食物包含这些营养素？

1. 糖类

糖类是构成机体的物质，也是食品加工的重要原辅料。它不仅能供给能量，节约蛋白质，还能维持神经系统与解毒。

图 4-1-24 糖

2. 脂类

脂类是人体重要的组成部分，可供给能量，保护机体，提供人体必需的脂肪酸，促进脂溶性维生素的吸收，同时能增加饱腹感和改善食品的感官性状。

图 4-1-25　油脂类馅料

3. 蛋白质

蛋白质是构成机体和生命的重要物质基础。除了供给能量以外，它还可建造新组织和修补更新组织，并赋予食品重要的功能特性。

4. 维生素

维生素可促进机体组织蛋白质的合成，维护细胞组织的健康，防止多种肿瘤的发生和发展。

5. 无机盐

无机盐是机体的重要组成部分，可维持细胞的渗透压与机体的酸碱平衡，保持神经、肌肉的兴奋性，同时能改善食品的感官性状与营养价值。

6. 水

人体内 60 ％～70 ％ 都是水，水也被称为人体的运输网。水能保证人体血液循环量，保持各器官正常的新陈代谢，还可以帮助输送营养、调节体温、排除废物。

7. 膳食纤维

膳食纤维能调节血糖，防止糖尿病，润肠通便，清理肠道垃圾，降低血浆胆固醇水平，防治高血压等，还具有控制体重的作用。

思考与练习

1. 如果要求以藜麦粉制作一款面包，你会如何进行设计？
2. 有哪些适合作为面包表面装饰的种子材料？
3. 技能训练：请制作一款含奶酪馅料的红色谷物面包。

任务2 特殊成熟方式面包的制作

 学习目标

1. 能了解面包加工的各种成熟方法。
2. 能使用不同的成熟方式制作面包。
3. 能独立制作本任务中的产品。
4. 能理解淀粉糊化的基本概念。

 情景任务

在上一任务的基础上，另一组赛题是"特殊成熟方式面包的制作"，目的是展示发酵产品的多样性及文化的多元性。指导老师建议你结合本地特色制作一款中国发酵面食馒头，以更好地阐述"面包"的中式含义。此外，你还要再制作两款特殊成熟方式的面包，其中一款必须是炸制。

 思路与方法

除了烤箱烘烤外，面包成熟还有许多方式。首先要深入理解面包加工成熟的基本原理，然后从中找出更多适宜发酵产品的成熟方法。

一、面包成熟的基本原理是什么？

想一想

日常食物中有哪些有意思的成熟方式？

面包成熟需要将热量从热源传递到产品中，热量传递是改变内部分子结构、内外性状的基础条件之一。在日常生活中，热传递有传导、对流和辐射三种方式。

在实际应用中，面包成熟往往不会采用单一的形式，只是使用不同的工具进行加热，其热传递发生的方式与产生的效果有主次之分而已。

1. 传导

传导是指热量从温度高的地方往温度低的地方移送，以达到热量平衡的物理过程。这一过程并不表现为宏观方面的运动，只在相互接触的物质间进行。热传导的发生条件是物体接触且存在温度差。

在产品制作中，热源通过直接接触物传递至产品表面，再慢慢传递至产品中心。不同的接触材料导热的速度是不同的。金属就是一种优良的热能导体，但不同金属的导热速度也是不同的，比如铜、铝传热快，不锈钢相对而言就慢一些。油也是一种较好的传热介质，常用于烹饪过程。

2. 对流

热对流发生在流体，即气体和液体材料中。流体的宏观运动引起流体各部分发生相对位移，从而引发各部分冷热掺杂，产生热量的传递，这一过程中也伴随着热传导现象。

对流有自然对流和机械对流两种方式。

（1）自然对流。在物理现象中，较热的流体会上浮，较冷的流体会下沉，这一过程不断重复，就形成了自然对流，它会直接引起热量的不断循环。如果对流过程中有固体物质阻挡，那么对流会沿着固体物质能够通过的最近的点流过，继续上下沉浮，所以加热产品时，如果在热气流的传导过程中加入遮挡物，会有效降低热量。

（2）机械对流。自然对流的方式较慢，且发生区域有限，利用外力改变对流的方向，可以使热量更快地向所需方向传递。这一过程不仅加快了气流循环，也加快了产品成熟的进度。热风炉就是通过机械对流进行更有效、更均匀的热量传递。

油炸面包主要的热传递方式是传导与液体对流。蒸面包主要的热传递方式是气体对流与传导。

3. 辐射

物体通过电磁波来传递能量的方式称为辐射，其中因热产生的辐射能现象称为热辐射。辐射与前两种热传递方式不同的是，前两者都需要有物质存在，而辐射可在真空中传递能量，且在真空中传递的效率最高。

不过，辐射产生的热量只能使面包表面拥有热量，内部的热量传递还是需要传导或对流。目前热辐射在面包制作中的发挥空间还比较有限。

提示

一些烘焙模具、加热设备常由金属制成。

提示

对流通常只发生在垂直方向。

想一想

哪些面包适合用热风炉烘烤？

二、面包的热传递有哪些具体操作方式?

在面包制作过程中,传热形式大致可分为单面(平面)传热和全面(空间)传热两类。

在单面(平面)传热形式下,面包只有一个面能接受热源,如煎、焗等,目前在面包制作中较少使用。

在全面(空间)传热形式下,面包的每个面或绝大多数面能同时接受热源,常见的成熟方法有烤、炸等。

三、面包的热传递过程中常使用哪些传热介质?

(1)以固体为介质传热,常见的包括砂、金属、石头、土等。

以金属为介质的热传递是将加工好的原材料放在热的金属板或其他金属器具上,使热量传入原材料内部,一般烹调温度可达300℃~500℃,常见的有铁、不锈钢等。

砂、石头属于颗粒状的固体介质,受热后以传导的方式进行热量传递,保温性能良好,但不能自主流动,需要在加工过程中不断翻动,才能使原材料受热均匀。窑炉面包就是以土、砖石为传热介质,如图4-2-1所示。

图 4-2-1　窑炉面包

(2)以液体为介质传热,常见的包括水、油等。

油比水升温快,吸收的热量也多,可以使面包迅速成熟,形成外脆里嫩的口感特点,常见的烹调方法有炸、煎等。咖喱面包、甜甜圈是炸面包的代表性产品。

(3)以气体为介质传热,常见的包括水蒸气、微波等。

蒸汽是达到沸点后产生汽化的水,其传热方式主要是对流,传热的温度高低由气压高低和火力大小决定。水蒸气的加热温度可达120℃,饱和的水蒸气可以快速加热面包,从而减少原材料中水分的损失,常见的烹调方法是蒸。中国馒头、包子是蒸类发酵食品的代表性产品。

想一想

使用不同介质成熟的产品在色泽、口感等方面有何不同?

 活动

活动一：咖喱包（Curry Bread）制作

面团用量：947 g
制作数量：23 个
特殊成熟方式：油炸

图 4-2-2　咖喱包成品图

1. 配方

表 4-2-1　炖牛肉配方

材料	用量
去皮番茄	300 g
浓汤宝	15 g
牛腩肉	600 g
胡萝卜	1 个
水	750 g
色拉油	适量

表 4-2-2　咖喱馅配方

材料	用量
低筋面粉	104 g
咖喱粉	50 g
咖喱块	180 g
葛拉姆马萨拉粉	4 g
辣椒粉	0.5 g
番茄酱	50 g

（续表）

材料	用量
黑胡椒粉	2.5 g
食盐	适量
肉豆蔻粉	2.5 g
洋葱	2 个
色拉油	适量

表 4-2-3　面团配方

材料	烘焙百分比	用量
T45 面粉	100 %	500 g
食盐	1.4 %	7 g
细砂糖	12 %	60 g
鲜酵母	3 %	15 g
奶粉	3 %	15 g
水	41 %	205 g
全蛋	24 %	120 g
黄油	5 %	25 g

2. 制作过程

（1）炖牛肉制作

先将牛腩肉和胡萝卜分别切成小块和小丁状。锅中倒入色拉油，烧热后放入牛腩块，用木铲翻炒至肉变色。然后加入去皮番茄、水、浓汤宝，盖上盖后熬煮约 40 min，直至牛腩软烂。接着加入胡萝卜丁，边煮边搅拌，直至汤汁浓稠、胡萝卜丁成熟。如图 4-2-3 所示。

提示

可视当地特色调整材料。

（1）　　　　　　　（2）　　　　　　　（3）

图 4-2-3　炖牛肉制作

（2）咖喱馅制作

先将洋葱切丝，然后锅中倒入色拉油，放入洋葱丝，小火炒至洋葱变软，备用。接着锅中倒入适量色拉油，烧热后倒入低筋面粉，炒至面粉微带茶色。加入咖喱粉翻炒均匀后，加入事先准备的炖牛肉混合拌匀，再依次加入咖喱块、咖喱粉、葛拉姆马萨拉粉、辣椒粉、番茄酱、黑胡椒粉、食盐、肉豆蔻粉和炒好的洋葱丝，混合拌匀。最后将制作完成的咖喱馅倒入烤盘，抹平，用保鲜膜密封，放入冰箱冷藏备用。如图4-2-4所示。

（1）　　　　　　（2）　　　　　　（3）

（4）　　　　　　（5）

图4-2-4 咖喱馅制作

（3）面包制作

① 将除黄油以外的材料搅拌至面筋扩展阶段，然后加入黄油，低速搅拌至黄油与面团混合均匀，接着转中高速搅打至面筋完全扩展阶段。

② 取出面团，放置在室温（26℃）下发酵60 min。

③ 将发酵好的面团分割成若干个40 g，并依次滚圆，如图4-2-5所示。

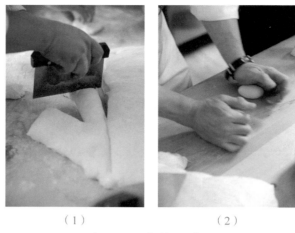

（1）　　　　　　　　　　（2）

图 4-2-5　分割、预整形

④　将面团放置在室温（26℃）下松弛约 15 min，如图 4-2-6 所示。

图 4-2-6　中间醒发（松弛）

提示

可视当地特色
调整材料。

⑤　先在面团中心处按出一个凹槽，放入 40 g 咖喱馅，然后封口，使面团完全包住馅料。接着将面团放入全蛋液，均匀地裹上一层蛋液，再在其表面均匀地粘上面包糠。如图 4-2-7 所示。

（1）　　　　　　　（2）　　　　　　　（3）

图 4-2-7　整形

⑥ 放入醒发箱,以温度28℃、湿度80%,发酵60 min。

⑦ 将油炸炉升温至180℃,然后放入面包,炸至金黄色后捞出,放在网架上沥干油,如图4-2-8所示。

（1）　　　　　　　　　（2）

图4-2-8　油炸

注意事项

　　需要待炸炉升至设定温度才能放入面包。炉温不够,炸出来的面包会很油腻;炸制时间过长,面包易塌陷,会影响美观。

活动二:原味贝果(Plain Bagel)制作

图4-2-9　原味贝果成品图

面团用量:894 g

制作数量:11 个

特殊成熟方式:先水煮,

　　　　　　　再烘烤

1. 配方

表 4-2-4　面团配方

材料	烘焙百分比	用量
高筋面粉	75%	350 g
低筋面粉	25%	150 g
细砂糖	7%	35 g
水	64%	320 g
干酵母	1%	5 g
食盐	1.8%	9 g
黄油	5%	25 g

表 4-2-5　烫煮糖水配方

材料	用量
水	1000 g
麦芽精	30 g

2. 制作过程

（1）将所有材料混合搅拌至面团表面光滑，如图 4-2-10 所示。

（1）　　　　　　　　　（2）

图 4-2-10　搅拌

（2）取出面团，用切面刀将其分割成若干个 80 g，并依次滚圆，如图 4-2-11 所示。

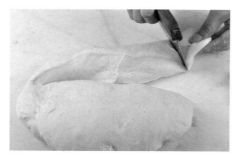

图 4-2-11　分割

（3）将面团放置在室温（26℃）下松弛 15 min，如图 4-2-12 所示。

图 4-2-12　中间醒发（松弛）

（4）先将面团拍压成长方形，然后将面皮卷成圆柱形，稍加搓长。接着将其中一端压扁，另一端搭在上面，用压扁的面团部位包住。再将收口处捏紧，整形成圆环形，接口朝下，放在烤盘上。如图 4-2-13 所示。

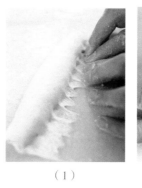 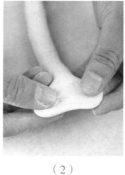 

（1）　　　　　　　（2）　　　　　　　（3）

图 4-2-13　整形

（5）将面团放置在室温（26℃）下发酵 40 min。最后发酵前的面团如图 4-2-14 所示。

图 4-2-14　最后发酵前

（6）将麦芽精和水放入锅中加热至 80℃。然后把发酵好的面团放入糖水中正反面各烫煮 25s，如图 4-2-15 所示。接着用网筛捞出，放在网架上沥干后再摆入烤盘。

图 4-2-15　烫煮

注意事项

　　如果没有麦芽精，也可以用细砂糖来制作糖水，细砂糖用量为 50 g，水的用量不变，依旧为 1000 g。

提示

出炉后立即喷水可以增加贝果的光泽度。

（7）入烤箱，以上火 210℃、下火 190℃，烘烤 13 ~ 15 min。出炉后立即在面包表面喷水。

活动三：黑米馒头（Mantou—Black Kerneled Rice）制作

图 4-2-16　黑米馒头成品图

面团用量：603 g
制作数量：4 个
特殊成熟方式：蒸

1. 配方

表 4-2-6　面团配方

材料	烘焙百分比	用量
中筋面粉	100 %	300 g
黑米粉	7 %	20 g
红米粉	3 %	10 g
细砂糖	7 %	20 g
干酵母	1 %	3 g
水	83 %	250 g

2. 制作过程

（1）将所有材料混合搅拌至面团表面光滑，如图 4-2-17 所示。

图 4-2-17　搅拌

（2）取出面团，放置在室温（26℃）下发酵至原体积 2～2.5 倍大，如图 4-2-18 所示。

图 4-2-18　基础发酵

（3）先将发酵好的大面团揉压排气，然后搓成均匀的长条状，如图 4-2-19 所示。接着用切面刀将其分割成大小均匀的 4 块，再在每块的中心处切一刀，不要切断。

想—想

日常生活中有哪些常见的馒头形状？

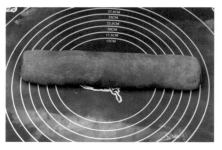

图 4-2-19　整形

（4）将整形好的馒头生胚以适当的间距摆放在蒸笼中，发酵20 min。最后发酵前的面团如图 4-2-20 所示。

图 4-2-20　最后发酵前

提示

蒸制完成不要立刻打开锅盖，否则馒头容易出现塌陷。

（5）冷水上锅，大火烧开后转中火，继续蒸制约 18 min。关火后焖 3 ~ 5 min。

总结评价

1. 依据世界技能大赛相关评分细则，本任务的评分标准详见下表，总分为 10 分。

表 4-2-7　任务评价表

分项名称	类型	评价项目	评分标准	分值	得分
职业素养	客观	环境及个人卫生	地板、操作台等空间环境及个人卫生（包括工服）干净，得1 分；存在任何不合规现象，计0 分	1	
	主观	安全操作	娴熟且安全地使用工器具，得 2 分；工器具操作不熟练或个别工器具使用存在安全隐患，计 0 分	2	

（续表）

分项名称	类型	评价项目	评分标准	分值	得分
产品制作	客观	产品重量规格	同款产品重量相差不超过 10 g，得 1 分；超过此范围，计 0 分	1	
	主观	产品外观	外观美观且有吸引力，有光泽，得 2 分；形状均匀，外观良好，得 1 分；外观不均匀，烘烤过度或烘烤不足，计 0 分	2	
	主观	产品香气和味道	整体香气和味道均衡，各材料组合适当，得 2 分；香气和味道不突出，无异味，得 1 分；有刺激性气味，整体风味失衡，计 0 分	2	
	主观	产品成熟质量	完全成熟，无夹生，内部组织柔软，得 2 分；完全成熟，内部组织稍显不均匀，得 1 分；不成熟，内部组织坍塌，计 0 分	2	

2. 操作要点总结如下表所示。

表 4-2-8　咖喱包操作要点

馅料制作	炖牛肉、咖喱馅料
面团温度	26℃
基础发酵	室温（26℃），60 min
分割	40 g/ 个
预整形	圆形
中间醒发（松弛）	室温（26℃），15 min
整形	填馅，装饰
最后发酵	温度 28℃、湿度 80 %，60 min
成熟	炸炉温度 180℃，炸至金黄色

表 4-2-9　原味贝果操作要点

面团温度	26℃
分割	80 g/ 个
中间醒发（松弛）	室温（26℃），15 min
整形	圆环状
最后发酵	室温（26℃），40 min
成熟	80℃热水烫煮面团正反面各 25s；上火 210℃、下火 190℃，烘烤 13 ~ 15 min

表 4-2-10　黑米馒头操作要点

面团温度	28℃
基础发酵	室温（26℃），至原体积 2 ~ 2.5 倍大
预整形	长条状
分割、整形	145 g/ 个
最后发酵	室温（26℃），20 min
成熟	中火蒸制约 18 min，关火后焖 3 ~ 5 min

 拓展学习

贝果制作中的淀粉糊化

制作贝果时需要先烫煮再烘烤，这样面包才会口感软糯，质地特殊。形成这类变化的主要原因是淀粉糊化，它在烘焙中是常见的物化现象。

提示

淀粉糊化在食品制作中应用得较多，但每种淀粉的糊化效果有所区别。

1. 淀粉糊化的定义

淀粉是一种天然高分子化合物，是由葡萄糖分子聚合而成的多糖，存在于植物的根、茎或种子中，谷物粉中淀粉的占比非常高，小麦粉的淀粉含量在 70 % 以上。

淀粉在常温下不溶于水。当水温被加热至 55℃ ~ 65℃时，淀粉粒子开始大量地吸水膨润，淀粉的物理性质发生明显的变化。经过持续

的高温膨润，淀粉粒子会分裂成单分子，从而形成糊状溶液，这个过程就被称为淀粉的糊化。

图 4-2-21　面粉（主要物质为淀粉）与沸水混合搅拌后的状态

淀粉处于糊化状态时，是呈分散性质的糊化溶液，该状态下的面团内部黏性非常大。在温度继续升高的情况下，分散的淀粉粒子逐渐失去水分，因此淀粉能够在产品中固定于某一位置，进而稳定产品的内部组织结构，帮助并促使产品内部成形。淀粉的不同状态如图 4-2-22 所示。

淀粉粒子　　　　　　　与水混合　　　　　　淀粉加热糊化过程

图 4-2-22　淀粉的不同状态

2. 淀粉的种类

按照组成，淀粉可分为直链淀粉和支链淀粉两类。两种分子结构如图 4-2-23 所示。

图 4-2-23　直链淀粉（左）和支链淀粉（右）的分子结构

直链淀粉含量高的淀粉品类吸水能力极佳，比如直链淀粉含量高的马铃薯淀粉的增稠效果要好于支链淀粉含量高的玉米淀粉。

由于分子结构不同，两种淀粉发生糊化的温度和产生糊化的效果也有所不同。

3. 淀粉糊化的作用

淀粉糊化后会吸收更多的水分,减小面筋的延展性和弹性,增加产品的黏性。将糊化的淀粉应用于烘焙,可以更好地保持产品的柔软度和含水量。

在烘烤前先将贝果进行水煮,通过淀粉糊化固定其外形,可以锁住水分,使烘烤后的成品韧性十足。同时,使用糖水浸煮也可以增加成品的色泽。

 思考与练习

1. 查阅资料,了解发酵食品的成熟方式,并思考如何应用于面包制作。

2. 比较各类成熟方式,哪类方式可最快让面包成熟?

3. 技能训练:请制作一款圆环形的油炸面包。

任务 3 特殊造型面包的制作

学习目标

1. 能正确使用烘焙碱水制作面包。
2. 能对吐司模具有基本认识。
3. 能熟悉本任务中三款产品制作的特点及难点。
4. 能知悉用电安全的相关知识。

情景任务

在上一任务的基础上，另一组赛题是"特殊造型面包的制作"，要求相关产品在国内有一定的知名度，样式各异。以往赛题中常见的三款产品分别是吐司、德国结、佛卡夏，指导老师建议你先了解这三款产品的特点及制作要点，掌握制作方法，从而独立完成成品制作。

思路与方法

本次任务中的三款产品都属于世界知名面包种类，造型具有特殊性，制作方法也具有代表性。制作这些产品前，首先要知道它们的产品特点及制作要点。

一、吐司制作的特点及难点是什么？

吐司是模具制作面包的代表性产品。

一般的市售吐司模具会给出适宜的面团重量，表示此模具适宜承装的吐司面团重量，所以吐司模具常按重量划分，比如 450 g 吐司模具、550 g 吐司模具。

吐司模具从侧面看偏梯形，空间较大。由于吐司面团需要在模具里完成最后发酵和烘烤，因此一定量的吐司面团需要使用一定容积的吐司模具。

专业吐司制作中有一个概念叫比容积。比容积一般分为两种：山

提示

比容积 = 模具容积 ÷ 吐司面团重量

形吐司的比容积约为 3.6，方形吐司的比容积为 3.8～4.5。

二、德国结制作的特点及难点是什么？

德国结面团的含水量约为 40 %，成品口感扎实，可作为主餐食用。德国人喜欢喝啤酒，德国结因耐嚼耐吃，在胃中停留的时间较长，能够缓和酒精对人体的影响，故又被称为"啤酒面包"。

德国结在烘烤前需要先用碱水浸泡，这是该款面包制作的特殊之处。

碱水是由烘焙碱混合水加热制成的液体。此处的烘焙碱指火碱，也称苛性碱、苛性钠，分子式为 $NaOH$，而不是我们日常所说的食用碱（碳酸钠）。

图 4-3-1　烘焙碱（$NaOH$）

制作碱水的流程如下所示：先在锅里放入冷水，一边将碱粉倒入水中，一边用小勺轻轻搅拌，混合完成后加热煮开，晾凉备用。需要格外注意的是，烘焙碱的腐蚀性很强，切不可先放碱，再倒入热水混合，因为这样可能会导致碱水四溅，对人体造成伤害。

面包用碱水浸泡后再放入烤箱，碱味会在高温下消失，面包会产生特殊的香气，同时生成独特的纹理和红棕色外皮。

德国结使用的碱水浓度为 3 %～4 %。面包坯在碱水中浸泡的时间不可太久，否则会产生苦味。剩下的碱水因腐蚀性较强也不建议保存，可直接倒入水池冲走，避免直接接触皮肤。

三、佛卡夏制作的特点是什么？

佛卡夏是一款历史悠久的面包。传统佛卡夏由小麦粉、橄榄油、水、极少量酵母、粗盐、香料制作而成，先将面团整形成长方形，并在表面按出坑，再烤制成熟。该款面包形状特殊，多呈饼状，有些近似比萨饼，大小可自行控制。也可以通过类似平盘的模具塑形，上面放上蔬菜（多放番茄）。

古罗马人通常用手撕开佛卡夏，将其浸入咸汤中食用，这也是经典佛卡夏的食用方法。

活动

活动一：蜂蜜吐司（Honey Toast）制作

面团用量：973 g
制作数量：2 个
模具使用：450 g 吐司
　　　　　模具

图 4-3-2　蜂蜜吐司成品图

1. 配方

表 4-3-1　面团配方

材料	烘焙百分比	用量
高筋面粉	100 %	500 g
奶粉	4 %	20 g
蜂蜜	16 %	80 g
水	64 %	320 g
鲜酵母	2 %	10 g
食盐	1.6 %	8 g
黄油	6 %	35 g

2. 制作过程

（1）将除黄油以外的材料低速混合均匀，搅拌至面筋扩展阶段，然后加入黄油混合均匀，搅拌至面筋完全扩展阶段，如图 4-3-3 所示。

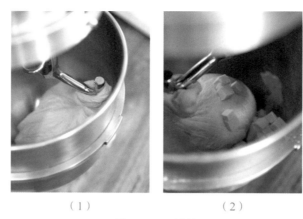

（1）　　　　　　　　　　（2）

图 4-3-3　搅拌

（2）放入醒发箱，以温度 30℃、湿度 85 %，发酵 60 min，如图 4-3-4 所示。

图 4-3-4　基础发酵

（3）取出面团，用切面刀将其分割成若干个 162 g，并依次滚圆，如图 4-3-5 所示。

（1）　　　　　　　　　　（2）

图 4-3-5　分割、预整形

（4）将面团放置在室温（26℃）下松弛 15 min，如图 4-3-6 所示。

（5）轻拍面团排气，自上而下卷成椭圆形（参考"传统法棍制作"），如图 4-3-7 所示。然后放置在室温（26℃）下松弛 20 min。

图 4-3-6　中间醒发（松弛）　　图 4-3-7　整形成椭圆形面团

（6）将松弛好的面团用手轻拍排气，然后均匀用力，将其擀成长条状。接着拉住顶部两角将其翻面，再自上而下顺势卷成圆柱形。最后将整形好的面团放入吐司模具，三个面团一组。如图 4-3-8 所示。

提示

每个面团接口朝下。

　（1）　　　　　　（2）　　　　　　（3）　　　　　　（4）

图 4-3-8　整形

（7）将模具放入温度 34℃、湿度 75 % 的醒发箱，发酵至面团膨胀到模具的 7~8 分满。最后发酵后的面团如图 4-3-9 所示。

（8）盖上吐司模具的盖，入烤箱，以上火 210℃、下火 220℃，烘烤 25~27 min，直至表面呈金黄色。出炉震模具，立即脱模，放置冷却，如图 4-3-10 所示。

提示

出炉后的吐司必须立刻震模具脱模，否则吐司会出现回缩的情况。

图 4-3-9　最后发酵后　　　图 4-3-10　烘烤完成

活动二：德国结（Pretzel）制作

图 4-3-11　德国结成品图

面团用量：847 g
制作数量：10 个

1. 配方

表 4-3-2　面团配方

材料	烘焙百分比	用量
高筋面粉	80 %	400 g
低筋面粉	20 %	100 g
低糖型干酵母	0.7 %	3 g
食盐	1.8 %	9 g
牛奶	60 %	300 g
烘焙盐（装饰材料）	/	适量
黄油	6 %	35 g

表 4-3-3 碱水配方

材料	用量
水	1000 g
烘焙碱（氢氧化钠）	35 g

2. 制作过程

（1）在水中加入烘焙碱，搅拌均匀后烧开，冷却至常温备用。

注意事项

碱水具有腐蚀性，不要直接接触。

（2）将所有材料混合搅拌至面团表面光滑，如图 4-3-12 所示。

（1）　　　　　　　　（2）

图 4-3-12 搅拌

（3）取出面团，用切面刀将其分割成若干个 80 g，并依次滚圆。

（4）将面团放置在室温（26℃）下松弛 30 min。

（5）先将面团擀成长方形，然后卷成两头略尖的圆柱形。均匀向两端用力，搓成中间饱满两边细的长条，末端位置不要搓得太细。接着将中间的饱满处固定，双手拎起长条的两端交叉两次。再将两端拉起固定在顶端圆弧形两侧，类似圆形。将整形完成的面团冷冻约 20 min 直至其外形固定。如图 4-3-13 所示。

提示

整形完成后低温储存有助于固定德国结的外形，方便后期浸泡碱水。

163

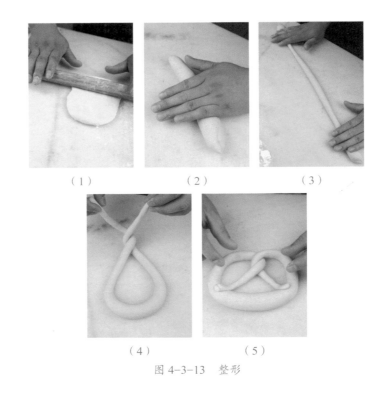

（1）　　　　　　　（2）　　　　　　　（3）

（4）　　　　　　　（5）

图 4-3-13　整形

（6）将冷冻好的面团冷藏解冻片刻，然后放入碱水中浸泡 30s，再捞出沥干碱水，如图 4-3-14 所示。

注意事项

　　碱水浸泡时间以 30s 为宜，时间过短面包无法上色，时间过长面包颜色过深。

（7）摆入烤盘，在面团较粗处平行割一道刀口，再在表面撒上烘焙盐，如图 4-3-15 所示。入炉，以上火 220℃、下火 190℃，烘烤约 15 min。

图 4-3-14　浸泡碱水　　　　图 4-3-15　准备烘烤

活动三: 佛卡夏(Focaccia)制作

图 4-3-16 佛卡夏成品图

面团用量: 2849 g
制作数量: 自定

1. 配方

表 4-3-4 面团配方

材料	烘焙百分比	用量
T55 面粉	100 %	1500 g
食盐	1.8 %	27 g
水	63 %	975 g
干酵母	1.5 %	22 g
橄榄油	6.5 %	100 g
液体酵种	15 %	225 g
分次加水	/	适量
普罗旺斯香草	/	适量
橄榄油(装饰)	/	适量

表 4-3-5 烤番茄配方

材料	用量
番茄	适量
橄榄油	适量
普罗旺斯香草	适量
食盐	适量

想—想

为什么要提前
烘烤番茄？

2. 制作过程

（1）将番茄切块后均匀地铺在烤盘上，淋上橄榄油，撒上普罗旺斯香草和适量食盐。入风炉，以 100℃烘烤至番茄水分烤干，备用。如图4-3-17 所示。

（1）　　　　　　　　（2）

图 4-3-17　烤番茄制作

（2）将 T55 面粉、水、食盐、酵母、液体酵种低速搅拌至材料混合均匀，然后加入橄榄油搅打均匀。视面团情况分次加水，直至面团表面光滑细腻。

（3）将面团放入周转箱，整理至饱满状态，然后放置在室温（26℃）下发酵 20 min。翻面一次，继续发酵 20 min。如图 4-3-18 所示。

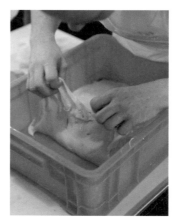

图 4-3-18　基础发酵

（4）先在 40 cm×60 cm 的烤盘上淋上橄榄油，然后放入面团，用手将面团摊开，铺满整个烤盘，如图 4-3-19 所示。

（1）　　　　　　　　　　（2）

图 4-3-19　整形

（5）放入醒发箱，以温度 28℃、湿度 85%，发酵 60 min。

（6）取出烤盘，用手指蘸上油水混合物，在面团表面均匀地戳上小洞。然后将烤番茄均匀地摆放在面团上，并撒上普罗旺斯香草。送入烤箱，以上火 270℃、下火 250℃，喷蒸汽 5s，烘烤 20 min。出炉冷却，在面包表面刷上一层橄榄油。如图 4-3-20 所示。

提示

食用时，可自行切割出所需大小。

（1）　　　　　（2）　　　　　（3）　　　　　（4）

图 4-3-20　烘烤

注意事项

本款面团含水量很高，为防止粘连，可在盛装面团的烤盘等工具表面涂抹橄榄油。

 总结评价

1. 依据世界技能大赛相关评分细则，本任务的评分标准详见下页表，总分为 20 分。

表 4-3-6　任务评价表

分项名称	类型	评价项目	评分标准	分值	得分
职业素养	客观	环境及个人卫生	地板、操作台等空间环境及个人卫生（包括工服）干净，得0.5分；存在任何不合规现象，计0分	0.5	
	主观	安全操作	娴熟且安全地使用工器具，得0.5分；工器具操作不熟练或个别工器具使用存在安全隐患，计0分	0.5	
产品制作（德国结）	客观	产品重量规格	同款产品重量相差不超过10 g，得1分；超过此范围，计0分	1	
	主观	产品外观	技术正确，形状漂亮，表皮闪亮，呈棕红色，割口处平整，得2分；有基本的形状，烘烤颜色较均匀、有光泽，得1分；技术不正确，视觉效果令人不悦，计0分	2	
	主观	产品香气和味道	有很棒的味道，碱味恰当，有嚼劲，得2分；香气和味道不够强烈或过于强烈，得1分；香气和味道都非常糟糕，令人不悦，计0分	2	
	主观	产品内部组织	内部组织细腻，无大气孔，表皮很薄，得2分；部分表皮很薄，但内部组织有气孔，得1分；内部组织有大气孔，不细腻，吃起来粘牙，计0分	2	
产品制作（佛卡夏）	主观	产品外观	技术正确，外观有视觉吸引力，得2分；技术正确，外观一致，得1分；技术不正确，被烤焦或未烤熟，计0分	2	
	主观	产品香气和味道	口感湿润，香料与面团搭配完美，得2分；口感干燥，香料与面团搭配一般，得1分；香气和味道失衡，计0分	2	
	主观	产品内部组织	内部组织湿润柔软，非常完美，得2分；内部组织湿润柔软，一般，得1分；内部组织粗糙，呈现出发酵不足或烘烤不熟，计0分	2	

（续表）

分项名称	类型	评价项目	评分标准	分值	得分
产品制作（吐司）	主观	产品内部组织	内部组织光滑柔软，拉丝效果好，气孔均匀，得 2 分；内部组织欠佳，气孔细密度良好，得 1 分；内部组织粗糙，无拉丝，气孔大小不一，计 0 分	2	
	主观	产品外观	呈有光泽度的长方体，形状统一，表皮呈金黄色，外观无褶皱，得 2 分；外观欠佳，形状略有瑕疵，表皮颜色欠佳，得 1 分；出现裂口、收腰、坍塌或形状大小不一，表皮被烤焦或未烤熟，计 0 分	2	
	主观	产品香气和味道	整体香气和味道均衡，得 2 分；香气和味道不突出，无异味，得 1 分；有刺激性气味，整体风味失衡，计 0 分	2	

2. 操作要点总结如下表所示。

表 4-3-7　蜂蜜吐司操作要点

面团温度	26℃
基础发酵	温度 30℃、湿度 85 %，60 min
分割、预整形	160 g/ 个，圆形
中间醒发（松弛）	室温（26℃），15 min
预整形、松弛	室温（26℃），20 min
整形	圆柱形
最后发酵	温度 34℃、湿度 75 %，至面团膨胀到模具的 7～8 分满
烘烤	上火 210℃、下火 220℃，25～27 min

表 4-3-8　德国结操作要点

面团温度	25℃
分割	80 g/ 个
中间醒发（松弛）	室温（26℃），30 min

（续表）

整形	特殊造型，冷冻约 20 min 或冷藏至外形固定
装饰	浸泡碱水
烘烤	上火 220℃、下火 190℃，约 15 min

表 4-3-9　佛卡夏操作要点

面团温度	25℃
基础发酵	室温（26℃）发酵 20 min，翻面，发酵 20 min
整形	使用烤盘或模具
最后发酵	温度 28℃、湿度 85％，60 min
烘烤	上火 270℃、下火 250℃，蒸汽 5s，20 min

 拓展学习

安全使用烘焙电器的注意事项

提示

安装相关电器时应主动避开水源地。

为保证烘焙电器的安全使用，需要做到以下几点：

（1）定期检查烘焙电器的绝缘情况，禁止机器带故障运行。

（2）防止烘焙电器超负荷运行，应采取有效的过载保护措施。

（3）不可在烘焙电器周围放置易燃易爆物品，应保持良好的通风。

（4）操作人员须接受消防安全知识培训，会使用消防设施设备。

（5）操作人员应掌握安全操作方法，有资质、有能力操作设备。

（6）烘焙电器使用必须符合安全规定，特别是使用移动式电器时须使用相匹配的电源插座。

（7）保持烘焙电器清洁，防止留下水滴，以免触电。

 思考与练习

1. 查阅资料，了解全球的传统面包样式，并思考其成形特点与地域文化、民俗风情之间的关系。

2. 造型面包的产生与传承对于面包制作有什么意义？

3. 技能训练：查阅资料，制作一款夏巴塔传统面包。

模块五

艺术面包的
制作

世界技能大赛烘焙项目考核涉及的知识面广，题目周密严谨，能够全面呈现烘焙技能的创新性、文化性、艺术性，艺术面包的制作是综合展现相关技能的重要窗口。

　　本模块涉及平面艺术面包与立体艺术面包的制作，在世界技能大赛烘焙相关技术文件的基础上融合相关技术的常见案例，从而能够更好地呈现技术的多样性与艺术性。通过学习典型案例的相关知识，你将掌握艺术面包制作的实践技能。

图 5-0-1　立体艺术面包的组装

任务　平面与立体艺术面包的制作

学习目标

1. 能简述产品设计的基本流程及方法。
2. 能使用发酵类面团、非发酵类面团制作艺术面包。
3. 能运用正确工序制作平面、立体艺术面包。
4. 能围绕指定主题展示设计和技术的灵感与创新。

情景任务

为迎接一年一度的美食艺术交流展，学校准备制作一批展品，你的任务是制作一款以"骏马"为主题的平面艺术面包和一款以"荷花"为主题的立体艺术面包，其中立体艺术面包的高度应为 90~110 cm，且至少使用三种面团。成品要美观，富有设计感。

思路与方法

区别于一般面包的制作，艺术面包的制作应符合主题，组成内容多样，产品呈现富有设计感、艺术感。制作前首先需要知道艺术面包的产品类型，掌握其组成结构、制作方法与工序，并对其基本样式有所了解。

想一想

你在日常生活中见过哪些食品类的艺术产品？它们有哪些共同点？

一、艺术面包的用途有哪些？

食品行业内有多种食品工艺，比如拉糖艺术造型、巧克力艺术造型、面塑、食品雕刻等，面团经过烘烤也能制作出食品类的艺术作品，也就是艺术面包。艺术面包的用途如下所示：

（1）举行各种活动。造型各异的艺术面包多与人们的节庆活动、民俗文化有着紧密的联系。

（2）考核烘烤技术和艺术才能。艺术面包不仅具有技术性，还具有艺术性，是面包文化和艺术的重要表达方式之一。为延续、超越、引领艺术面包的发展，面包制作者应努力学习和传承。

（3）举办竞技比赛。大型艺术面包是烘焙比赛中的常见项目，是面包制作者展示综合实力的主要项目之一，能体现面包师的专业性、艺术性、创造性等多个维度的能力。

二、艺术面包的种类有哪些？

艺术面包可从多种角度进行分类：从造型空间来看，有立体的和平面的；从制作工艺来看，有发酵的和不发酵的；从形状大小来看，有大型艺术面包和小型艺术面包。

现代竞技类的艺术面包融合了多种工艺技术，通过使用非发酵类面团来突出造型的线条和棱角，从而使成品能更好地匹配设计需求。

三、制作艺术面包时常用的面团有哪些？

1. 发酵类面团

发酵类面团在膨胀烘烤后，形状大小变得不可控，这会给需要组装的、精细的艺术面包制作带来不小的困难，所以发酵类面团在大型艺术面包制作中的使用比例并不高，更适合制作简易的或单件制品。

在大型艺术面包中，发酵类面团可用于制作点缀或装饰的配件，以丰富艺术面包的主体形象。小型艺术面包可由多个面团仿照某种样式做出造型，因规格较小，主体可以使用发酵类面团，如法式造型面包、法棍等。

2. 非发酵类面团

非发酵类面团指不含发酵材料、无发酵程序的面团，在生产制作中不易变形，可操作性较强，在成形和成熟过程中可控，是艺术面包制作中常用的面团类型。

四、立体艺术面包的制作流程是怎样的？

不同立体艺术面包制作的难易程度相差非常大，制作者应确保各配件之间完全匹配，尽量做到无误差。制作流程如下所示：

（1）制作糖浆：各配件之间的组合需要热糖浆，不能使用非食用性材料。

（2）确认主体和配件：在正式组装前，要确保所用的主体和配件都已准备无误、齐全，包括数量、形状、颜色等。

（3）修整配件：配件制作完成后，可使用锉刀、砂纸等工具对其线条弧度、边缘等进行再加工，使之更好地满足组装需求。

想一想

如何在立体艺术面包制作中使用发酵类面团？

想一想

如果面团烘烤后严重变形，可以用哪些方法来调整？

（4）组合：使用热糖浆将各配件组装在一起，必要时可配合使用急速冷冻剂，有助于外形轮廓尽快固定。

（5）检查与修改：观察作品整体与设计书中的内容是否一致，检查作品重心是否平稳，检查配件搭配是否妥当，检查细节处是否有不合规、不理想的地方，并进一步修改。

（6）展示：艺术面包组装完成后，一般需要移动到展示区，在移动和展示过程中要确保作品的稳定性，不能发生倒塌等事故。

提示

设计时需要考虑相关接口的隐藏问题。

五、立体艺术面包常见的底座与支架有哪些样式？

1. 底座

底座可支撑造型主体的重量，稳定造型主体的重心，增强其稳固性和安全性。此外，有些底座还能起到点明主题、烘托气氛的作用。

底座的常见表现形式有平面几何体和曲面几何体。选取设计时，应根据实际需求确定大小和形状。底座可独立应用，即单独用于造型中；也可组合应用，即以某一种底座为基本模块，将其与其他底座组合叠加在一起。

（1）常见底座样式

平面几何体由若干个平面多边形组合而成，比如正方体、长方体、五棱柱、六棱柱等。常见底座样式如图 5-1-1 所示。

提示

产品的具体高度与所有组成内容直接相关，其中最为关键的是底座与支架。

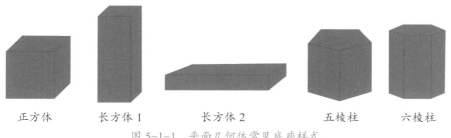

| 正方体 | 长方体 1 | 长方体 2 | 五棱柱 | 六棱柱 |

图 5-1-1　平面几何体常见底座样式

曲面几何体由曲面组合而成，比如圆台体、圆柱、椭圆等。常见底座样式如图 5-1-2 所示。

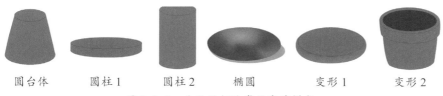

| 圆台体 | 圆柱 1 | 圆柱 2 | 椭圆 | 变形 1 | 变形 2 |

图 5-1-2　曲面几何体常见底座样式

（2）常见底座组合

常见底座组合有曲面和曲面组合、平面和平面组合、曲面和平面组合等。

曲面和曲面组合如图 5-1-3 所示。

想一想

还有哪些可能的组合方式与样式？

图 5-1-3　曲面和曲面组合

平面和平面组合如图 5-1-4 所示。

图 5-1-4　平面和平面组合

曲面和平面组合如图 5-1-5 所示。

图 5-1-5　曲面和平面组合

2. 支架

想一想

你有哪些比较喜欢的支架样式？是否有可行性？

支架具有支撑、承受物体的作用，有助于产品定位，也是各种配件得以呈现在艺术面包中的主要载体。

支架的常见表现形式有各式线条，比如直线、几何曲线、自由曲线等，可单独使用，也可搭配使用。

（1）常见支架样式

直线可以是垂直的，也可以是倾斜的，应注意整体平衡性，如图 5-1-6 所示。

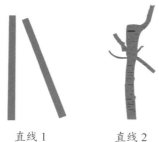

直线 1   直线 2

图 5-1-6 直线

圆是常用的几何曲线，可根据半径长来改变形状的大小，如图 5-1-7 所示。

圆环   椭圆环

图 5-1-7 几何曲线

自由曲线相对复杂，形状善变，较有个性，可划分为 C 形、S 形和涡形曲线等，如图 5-1-8 所示。在表现时，自由曲线不可过于复杂、夸张，否则会让人产生表达混乱之感。

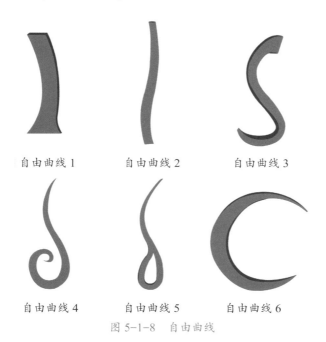

自由曲线 1   自由曲线 2   自由曲线 3

自由曲线 4   自由曲线 5   自由曲线 6

图 5-1-8 自由曲线

想一想

还有哪些可能
的组合方式与
样式？

（2）常见底座与支架组合

支架常和底座以堆叠的方式组合，也就是将一个（或多个）支架和底座拼接。直线形态如图 5-1-9 所示，曲线形态如图 5-1-10 所示。

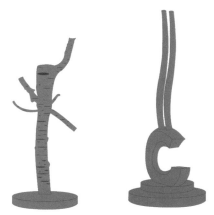

图 5-1-9　直线形态

图 5-1-10　曲线形态

活动

活动一：平面艺术面包"骏马飞扬"制作

面团用量：3795 g

图 5-1-11　"骏马飞扬"成品图

1. 配方

表 5-1-1　主面团配方

材料	烘焙百分比	用量
高筋面粉	35 %	787.5 g
低筋面粉	35 %	787.5 g
黑麦面粉	30 %	675 g
水（10℃）	57 %	1275 g
鲜酵母	2 %	45 g
食盐	2 %	45 g
黄油	8 %	180 g

表 5-1-2　组合面团配方

材料	用量
黑麦面粉	200 g
蛋白	150 g

2. 制作过程

（1）将除黄油以外的材料放入搅拌缸中，先慢速搅拌成团，然后快速搅打至面团表面光滑。加入黄油，慢速搅拌均匀至面团吸收。接着继续搅打至面筋完全扩展阶段，制成主面团。再将黑麦面粉和蛋白混合拌匀，制成组合面团。如图 5-1-12 所示。

（1）　　　　　　　　　　　　（2）

图 5-1-12　面团制作

（2）取出面团，揉圆后放在烤盘中，表面盖上保鲜膜，放置在室温（26℃）下松弛 5～10 min，如图 5-1-13 所示。

图 5-1-13　松弛

（3）将松弛好的面团擀成长方形，如图 5-1-14 所示。然后放入撒有高筋面粉的烤盘中，盖上保鲜膜，冷冻 1～2h 后转冷藏，松弛 30 min。

（1）　　　　　　　　　　　　（2）

图 5-1-14　预整形

（4）取 1200 g 面团，放入开酥机擀压至厚度为 0.6 cm；取 1200 g 面团，擀压至厚度为 0.5 cm；取 200 g 面团，擀压至厚度为 0.2 cm。如图 5-1-15 所示。

图 5-1-15　擀制

（5）取出厚度为 0.6 cm 的面皮，先在表面筛上一层薄薄的黑麦面粉，并刻出纹路。然后在底座剩余的面团表面戳上孔洞，沿着模具刻出两个梯形作为支架。接着取出厚度为 0.5 cm 的面皮，刻出一张圆环形和两张骏马头形。将两张骏马头形面皮叠加，用组合面团粘在一起。再取出厚度为 0.2 cm 的面皮，刻出马鬃和圆形眼睛，依次粘在马头上，将马耳朵部位遮挡住，并在马头表面筛上一层薄薄的黑麦面粉。刻出马的五官与毛发纹路后，在圆环表面刷上咖啡液。最后，将剩余的面团擀开切成 5 块方块，作为后期圆环上的装饰。配件制作过程如图 5-1-16 所示。

提示

制作骏马时要注意五官比例。

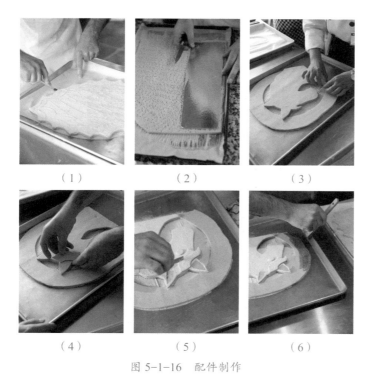

（1）　　　　　　　　（2）　　　　　　　　（3）

（4）　　　　　　　　（5）　　　　　　　　（6）

图 5-1-16　配件制作

（6）将配件放入烤箱，分开烘烤，以上火 220℃、下火 200℃～220℃，喷蒸汽 3s，烘烤 20～30 min。

（7）待所有配件完全冷却，准备适量艾素糖，加热至液态，将底座、支架、圆环、骏马和方块组装在一起，如图 5-1-17 所示。

图 5-1-17　组装

注意事项

根据配件大小调整烘烤时间，底座和骏马面坯的烘烤时间应久一些，支架、圆环和方块的烘烤时间则应短一些。

另外，组装时艾素糖不宜过多，要确保作品干净整洁。

活动二：立体艺术面包"荷塘夜色"制作

图 5-1-18　"荷塘夜色"成品图

1. 配方

表 5-1-3　法式造型面团配方

材料	烘焙百分比	用量
T65 面粉	100 %	1000 g
鲜酵母	1 %	10 g
食盐	2 %	20 g
固体酵种	20 %	200 g
水	65 %	650 g

表 5-1-4　糖浆配方

材料	用量
细砂糖	1584 g
水	924 g

表 5-1-5　白面团配方

材料	用量
糖浆	1070 g
T45 面粉	1550 g

表 5-1-6　黑色烫面配方

材料	用量
T85 面粉（黑麦面粉）	2000 g
深黑可可粉	95 g
水	878 g
细砂糖	878 g

表 5-1-7　黑色糯米勾线糊配方

材料	用量
糖浆	50 g
糯米粉	12 g
T45 面粉	6 g
深黑可可粉	10 g

表 5-1-8　白色面团配方

材料	用量
糖浆	78 g
T45 面粉	99.7 g
白色素	5 g

2. 制作过程

（1）面团与辅料制作

① 将所有材料倒入搅拌缸中搅拌至面筋完全扩展阶段，取出后放置在室温（26℃）下发酵 60 min，如图 5-1-19 所示。

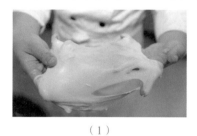

（1）　　　　　　　　　　　（2）

图 5-1-19　法式造型面团制作

② 将细砂糖和水混合，熬煮至 103℃，然后冷却至常温，盖上保鲜膜备用，如图 5-1-20 所示。

图 5-1-20　糖浆制作

③ 将所有材料搅拌成团，取出后盖上保鲜膜，静置 30 min，如图 5-1-21 所示。

图 5-1-21　白面团制作

注意事项

　　糖浆要完全冷却后再使用，否则容易出现面筋，不利于整形。

④ 将细砂糖和水煮沸，倒入面粉，搅拌成团，取出后盖上保鲜膜，待冷却后使用，如图5-1-22所示。

图5-1-22　黑色烫面制作

⑤ 将所有材料搅拌成糊，盖上保鲜膜，静置30 min，如图5-1-23所示。

图5-1-23　黑色糯米勾线糊制作

⑥ 将所有材料搅拌成团，取出后盖上保鲜膜，静置30 min，如图5-1-24所示。

提示

仔细区分这些面团的制作方式，理解艺术面包面团的特性。

图5-1-24　白色面团制作

注意事项

面团制作完成后，一定要密封保存，避免风干。

（2）配件制作

① 先将法式造型面团分割成 4 个 100 g、8 个 80 g、4 个 60 g，滚圆松弛后整形成水滴形。然后将 900 g 黑色烫面擀压至厚度为 0.6 cm，表面扎洞，裁成边长为 40 cm 的正方形，制作成底板。接着取 150 g 黑色烫面和 150 g 白面团，搓长后缠绕成麻绳状，围绕在底板周围。再把水滴形面团按从大到小的顺序排在底座上，放置在室温（26℃）下发酵 40 min。最后在底座上筛上面粉，划上刀口，以上火 230℃、下火 210℃，烘烤 23 min，冷却备用。底座制作过程如图 5-1-25 所示。

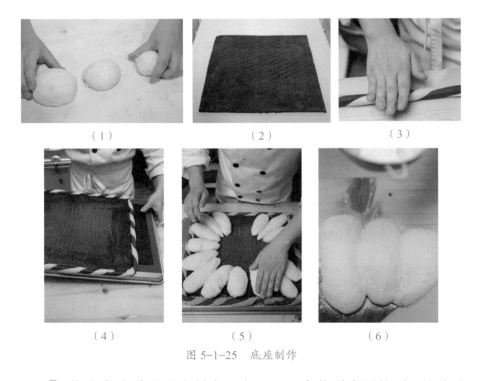

（1）　　　　　　　　　（2）　　　　　　　　　（3）

（4）　　　　　　　　　（5）　　　　　　　　　（6）

图 5-1-25　底座制作

想一想

是否可以自制该弯曲模具？应使用什么材质呢？

② 将法式造型面团分割成 8 个 50 g，先整形成圆柱形，松弛后搓成一端细一端粗的长条。然后摆在模具上，在室温（26℃）下发酵 25 min。接着将面团剪成麦穗状，以上火 230℃、下火 210℃，烘烤 15 min，冷却备用。麦穗制作过程如图 5-1-26 所示。

| （1） | （2） | （3） |

图 5-1-26 麦穗制作

③ 将 300 g 黑色烫面擀压至厚度为 0.5 cm，用模具刻出 3 片琵琶头，表面喷上水后 3 片相叠。然后将琵琶头一端放在锡纸上，以上下火 150℃烘烤至干透。琵琶头制作过程如图 5-1-27 所示。

提示

锡纸可以减轻面团的上色程度。

| （1） | （2） |

图 5-1-27 琵琶头制作

将 1000 g 黑色烫面擀压至厚度为 0.5 cm，用模具刻出琵琶身（前后两片）。然后将琵琶身贴在琵琶模具上，以上下火 150℃烘烤至干透。接着在琵琶背部用刀刻出破口，以上下火 150℃烘烤至变硬，取出后脱模。再将 180 g 黑色烫面搓长，贴在琵琶身边缘的缝隙处，以上下火 150℃烘烤 15 min。琵琶身制作过程如图 5-1-28 所示。

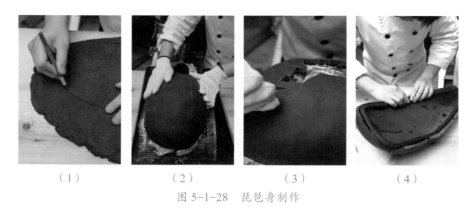

（1）　　　　　　（2）　　　　　　（3）　　　　　　（4）

图 5-1-28　琵琶身制作

　　将白面团搓成长条，在琵琶头的适当位置贴出"相位"，在琵琶身的适当位置贴出"品位"，如图 5-1-29 所示。然后分别以上下火 150℃烘烤 10 min。

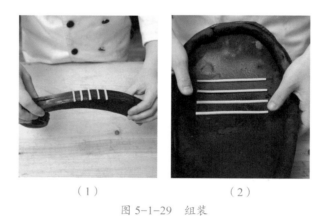

（1）　　　　　　　　　　（2）

图 5-1-29　组装

　　④ 将白色面团压入脸谱模具，以上下火 150℃烘烤，成形后脱模。然后将适量黑色烫面搓长，卷起，制成头发，贴在脸谱上。接着制作眼睛部分，将其放入眼眶中，以上下火 150℃烘烤 10 min。脸谱头部制作过程如图 5-1-30 所示。

（1）　　　　　　（2）　　　　　　（3）

图 5-1-30　脸谱头部制作

将 120 g 白面团擀压至厚度为 0.5 cm，用模具刻出背板，以上下火 150℃烘烤。然后将 30 g 白面团擀压至厚度为 0.3 cm，用模具刻出发冠，以上下火 150℃烘烤。接着将白面团搓成 1 个大球、2 个小球、2 条小条，制作成衣襟。脸谱背板、发冠、衣襟制作过程如图 5-1-31 所示。

（1）　　　　　　　（2）　　　　　　　（3）

图 5-1-31　脸谱背板、发冠、衣襟制作

将 100 g 白面团擀压至厚度为 0.1 cm，刻出 40 片羽毛，压出纹路，放入铁模中，以上下火 150℃烘烤。羽毛制作过程如图 5-1-32 所示。

提示

每片羽毛的样式是不一样的，可在刻模和加固轮廓时选择不同的角度。

（1）　　　　　　　　　　（2）

图 5-1-32　羽毛制作

用白面团分别制成 40 个绒球、2 个锥形、5 个 15 g 圆球和 4 条长条，分别以上下火 150℃烘烤。脸谱配饰制作过程如图 5-1-33 所示。

（1）　　　　　　（2）　　　　　　（3）　　　　　　（4）

图 5-1-33　脸谱配饰制作

⑤ 先将 700 g 白面团压入龙脸谱模具，以上下火 150℃烘烤，成形后脱模备用。然后制作眼睛部分，将其放入眼眶中，以上火 200℃、下火 150℃，烘烤 12 min。接着制作牙齿部分，将牙齿安入嘴中，以上下火 150℃烘烤 6 min。再将白面团搓成 2 条龙须状，以上下火 150℃烘烤。龙脸谱制作过程如图 5-1-34 所示。

（1）

（2）　　　　　（3）　　　　　（4）　　　　　（5）

（6）

图 5-1-34　龙脸谱制作

⑥ 先将白面团搓成莲蓬形，在表面按出纹路，以上下火 150℃烘烤。然后将白面团搓成锥形，制成花蕊，插立于面粉中，以上下火 150℃烘烤。接着将 500 g 白面团擀压至厚度为 0.3 cm，用荷花模压出花瓣后放入纹路模中压出纹理。再将花瓣放在铺有面粉的烤盘中，按压花瓣中心使其弯曲，以上下火 120℃烘烤。最后在花蕊表面喷水，贴上两层花瓣，制成花苞，插立于面粉中，以上下火 150℃烘烤。荷花制作过程如图 5-1-35 所示。

（1）

（2）　　　　（3）　　　　（4）　　　　（5）

图 5-1-35　荷花制作

想—想

你还记得现实中的荷秆是什么样的吗?

⑦　先将 200 g 白面团擀压至厚度为 0.1 cm，刻成荷叶后放入纹路模中压出纹理。然后将荷叶放在铺有面粉的烤盘中，按压荷叶边缘使其自然弯曲，以上下火 120℃烘烤。接着将 180 g 白面团和 120 g 白面团分别搓成莲藕状，以上下火 150℃烘烤。再将白面团搓成莲藕须和 8 根长短、弧度不一的荷秆，分别以上下火 150℃烘烤。荷叶、莲藕、荷秆制作过程如图 5-1-36 所示。

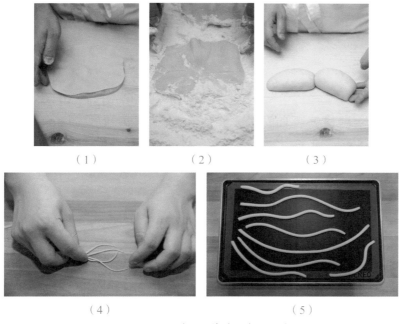

（1）　　　　　（2）　　　　　（3）

（4）　　　　　　　　　（5）

图 5-1-36　荷叶、莲藕、荷秆制作

⑧ 将艾素糖加热成液态，用糖液把花瓣从小到大依次粘在莲蓬上，呈全开和半开状。荷花组装过程如图 5-1-37 所示。

（1）　　　　　（2）

图 5-1-37　荷花组装

在发冠、羽毛和绒球表面刷上金粉。然后将人脸粘在背板上，脸下粘上衣襟，头上依次粘上发冠、两排羽毛和两排绒球。接着用黑色糯米勾线糊在人脸上勾画出眉毛。脸谱组装过程如图 5-1-38 所示。

（1）　　　　　（2）　　　　　（3）

图 5-1-38　脸谱组装

提示

组装拼接时可借助冷凝剂快速冷却糖液。

将琵琶身一部分粘在底座上，一部分粘上琵琶头，两者连接处粘上京剧脸谱。琵琶破口处粘 2 根荷秆，秆上粘荷花和荷叶；琵琶上端粘 3 根荷秆，并用小面包加固，秆上分别粘花苞、荷花和荷叶，前下端粘 2 根荷秆，秆上粘荷花和荷叶。然后将龙脸谱粘在琵琶底，粘上龙须，将莲藕须粘在莲藕上，粘在琵琶破口处下方。接着在京剧脸谱头上粘 2 个锥形，在锥形上和脸谱发冠下分别粘上 2 根线条。再在脸谱发冠下的 2 根线条上分别粘上圆球（一边 2 个，一边 3 个），并将 2 条麦穗粘在琵琶上，在琵琶底部后方粘上荷秆、花苞、半开荷花和麦穗。最后在京剧脸谱上刷上粉红珠光粉。整体组装过程如图 5-1-39 所示。

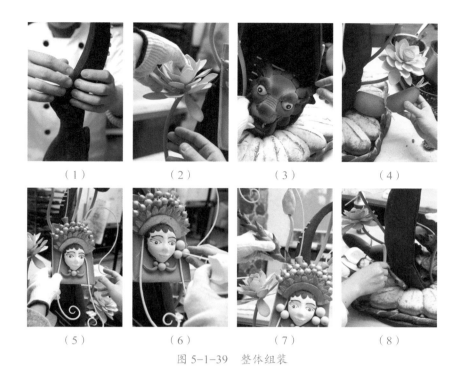

（1）　　　　　（2）　　　　　（3）　　　　　（4）

（5）　　　　　（6）　　　　　（7）　　　　　（8）

图 5-1-39　整体组装

注意事项

由于艾素糖温度较高，组装拼接时应戴手套，避免烫伤。

 总结评价

1. 依据世界技能大赛相关评分细则，本任务的评分标准详见下表，总分为 20 分。

表 5-1-9　任务评价表

分项名称	类型	评价项目	评分标准	分值	得分
职业素养	客观	环境及个人卫生	地板、操作台等空间环境及个人卫生（包括工服）干净，得 1 分；存在任何不合规现象，计 0 分	1	
	主观	安全操作	娴熟且安全地使用工器具，得 1 分；工器具操作不熟练或个别工器具使用存在安全隐患，计 0 分	1	

分项名称	类型	评价项目	评分标准	分值	得分
平面艺术面包	主观	产品外观	非常有创意和创新性，令人惊喜，表面平整整洁，得2分；有创意和创新性，表面有点粗糙，得1分；缺少创意和创新性，表面不平且粗糙，计0分	2	
	主观	烘烤质量	烘烤适度，有很好的膨胀力，质感完美，得2分；有法式面包的质感，烘烤适度，得1分；缺少膨胀力，烤后质感不佳，计0分	2	
立体艺术面包	客观	整体高度	整体高度为90～110 cm，得2分；超过此高度，计0分	2	
		面团的使用	使用不少于三种面团，得2分；未达到三种，计0分	2	
	主观	外观及展示度	非常有创意和记忆点，极具观赏性，观看面细节多，得2分；没有明显的记忆点，观看面细节少，得1分；没有印象，看过就忘，仅一面可观看，计0分	2	
	主观	技术难度与发酵类面团的使用	细节多，组装细致，无粗糙点，发酵类面团使用完美，得2分；有细节，但部分不够精致，发酵类面团使用恰当，得1分；缺少细节，拼接粗糙，发酵类面团使用过少，计0分	2	
	主观	整洁度	很整洁，组合的地方很干净，得2分；整洁，组合的地方较干净，得1分；不够整洁，组合的地方不干净，计0分	2	
	主观	主题呈现及作品设计	有生动鲜明的主题，故事性强，设计感强，得2分；有清晰的主题，有故事性，有设计感，得1分；主题有些牵强，甚至看不出主题，几乎没有设计，无故事性，计0分	2	
	主观	完成度	作品完成，有很多清晰、丰富的细节，得2分；作品完成，有细节、有主体，但不丰富，得1分；作品未完成，仅有粗略的大体部分，计0分	2	

2. 操作要点总结如下表所示。

表 5-1-10 "骏马飞扬"操作要点

面团制作	主面团、组合面团
松弛	室温（26℃），5～10 min
预整形	冷冻 1～2 h，转冷藏 30 min
擀制（厚度）	0.6 cm、0.5 cm、0.2 cm
配件制作	支架、底座、骏马、方块
烘烤	上火 220℃、下火 200℃～220℃，蒸汽 3s，20～30 min

表 5-1-11 "荷塘夜色"操作要点

发酵类面团制作	法式造型面团
辅料及非发酵类面团制作	白面团、黑色烫面、白色面团、糖浆、黑色糯米勾线糊
配件制作	底座、麦穗、琵琶、京剧脸谱、龙脸谱、荷花、荷叶、莲藕、荷秆
组装拼接	荷花组装、脸谱组装、整体组装

 拓展学习

立体艺术面包的一般设计流程

1. 确定主体

面包的主题离不开场景的呈现，这需要通过面团烘烤来实现。

主体是艺术面包造型中占核心地位的组合物，可以是人、动物、物件、果实、树木等。它和场景有关，是场景实践中最重要的表达，影响和决定着整个作品的大小，是作品的灵魂所在。

对于大型艺术面包来说，只有确定主体后，其他的组合物才能确定大小、位置和样式。主体设计应考虑实践性、可操作性和观赏性，如果主体较大，还需要考虑其安全性和稳定性。通常情况下，主体是一个或一组，并且可以分为多个部分。

2. 确定主要搭配物

确定主体后，可确定其他主要搭配物，也称副体，其主要作用是使主体更稳定或表达更完善。

想一想

有哪些常见的主体与副体的组合？

主要搭配物通常与主体存在必然联系，是主体在场景设计中的表达辅助物。比如设计以花卉为主题的艺术造型时，如果以牡丹为主体，可以用蝴蝶或蜜蜂等来营造氛围，此时蝴蝶或蜜蜂就是主要搭配物。

主要搭配物可以是一个或多个，通常与主题表达和制作者的操作能力直接相关。

3. 确定其他配件

首先是支撑性配件。作为搭建主体和主要搭配物的重要工具，支撑性配件是产品完成的基础，是产品组成中非常重要的功能性配件。支撑性配件的样式可根据整体造型的美观度来设计。

提示

一个配件可拥有多重表达功能，这需要制作者的设计巧思。

其次是稳定性配件。为保证作品完成后能够安全移动，可以增加相关配件以维持各组成内容的稳定性。稳定性配件在整体呈现中可露出，也可不露出，视作品具体情况而定。

最后是装饰性配件。观赏性和可读性是作品的核心价值，前文提到的所有产品组成在设计时都应注意造型的美观度。在此基础上，装饰性配件可在作品空白处"锦上添花"。此外，装饰性配件也具备其他功能，如稳定性等。这需要设计者提供良好的理论支撑，拥有过硬的实践功力，充分发挥每一个部件的功能，使产品中的每一个组成内容都有多重价值和表达能力。

思考与练习

1. 在日常生活中，艺术面包还可应用于哪些场景？

2. 技能训练：请尝试使用素描的方式画三组底座与支架的组合图。

3. 技能训练：请设计并制作一款以"花与蝴蝶"为主题的立体艺术面包，高度不得低于 100 cm，不得高于 120 cm，整体宽度不得小于 65 cm，不得大于 80 cm；必须使用四种（含四种）以上不同工艺的面团；必须使用发酵类面团。

模块六
作业书的编制

世界技能大赛烘焙项目不仅要求选手具备制作产品的技术能力，还注重考查选手在产品设计与生产计划方面的把控能力，要求他们展现烘焙职业国际最高水平所需的知识和理解力，编制作业书就是检验综合水平的窗口之一。

本模块主要介绍了作业书的编制，在世界技能大赛烘焙相关技术文件的基础上细分编制过程中的难点和要点，展现思路与方法。通过学习作业书编制的相关知识，你将掌握作业书编制的实践技能。

图 6-0-1　第 44 届世界技能大赛烘焙项目金牌获得者蔡叶昭的赛前训练

任务　多种类面包组合作业书的编制

学习目标

1. 能说明产品作业书的作用及意义。
2. 能说出产品作业书的基本组成及编制要求。
3. 能设计多种类面包的组合摆台方案。
4. 能编制作业书并合理排版，提高审美能力。

 **情景任务**

与美食艺术交流展同时举行的还有第六届烘焙主题技能大赛，由于参赛选手年龄需在 22 周岁以内，指导老师推荐你去参加此次大赛。

大赛提供一定的工器具及常用材料，若有其他需要，可申请自带。比赛全程三天。此次烘焙主题为"致敬最美逆行者"，产品技术涉及五个模块：第一天出品模块 C 甜面包（五股辫面包、六股辫面包、无馅布里欧修与含馅布里欧修各一款），第二天出品模块 D 无糖无油面包（传统法棍、两款法式造型面包、一款花式割口法式面包）、模块 E 特殊面包（传统夏巴塔），第三天出品模块 F 起酥面包（传统弯牛角、双色可颂、含馅起酥面包）、模块 G 立体艺术面包（高度为 100~120 cm，整体宽度不得小于 65 cm，不得大于 80 cm）及摆台。

正式制作前，请先根据赛题制定相关产品食谱（包含产品配方、烘焙百分比及工艺流程），展示对应的产品图片，对艺术面包进行设计描述，表明自带原材料及工器具信息，编制出产品作业书，供后续实践时参考，并在竞赛检录时提交给相关工作人员。

 **思路与方法**

你需要先研读赛事文件，确定相关产品信息，然后设计艺术面包

造型，将相关信息进行整理归纳，并与赛事文件中的基础设施清单对比，确定自带工器具及材料清单，最后通过设计、排版、印刷，编制出作业书。

一、产品作业书的作用及意义是什么？

产品作业书是制作者的制作依据。制作者应按照作业书制作相关产品，注重准确性、合理性、实践性和艺术性，并使成品与作业书中的描述相一致。

产品作业书也是活动前或比赛前呈现给活动相关方或比赛评委的重要文件。它具有非常重要的作用，既可以是需求方验收的对比文件，也可以是评委打分的对比文件。

二、编制产品作业书的基本流程有哪些？

编制产品作业书前应对涉及的产品进行整体梳理、设计，确定活动名称、主题名称与含义、工器具清单、产品配方、产品工艺流程、产品标准与制作特点、产品呈现效果、产品组合特点等，通过总结、归纳，将相关内容制作成文本内容，最终形成产品作业书。

三、产品作业书的基本内容有哪些？

（1）活动名称或比赛名称及相关信息。该内容一般放在作业书首页或其他较明显处，包含活动名称或比赛名称、制作者或参赛者姓名、相关日期等。

（2）产品名称。制作者应在作业书中标注各类产品名称。

（3）工器具清单。应明确制作相关产品时所使用的工器具，包括自创类工具。

（4）易耗品清单。一些重大赛事往往也要求参赛者明确制作时所使用的易耗品，便于工作人员核对检查，避免违规材料的使用。

（5）原材料清单。包含主题面包中涉及的材料品种和用量，可避免浪费，同时有助于工作人员快速核对是否有违规材料，并检索材料相关信息。如果由主办方提供所有原材料，则不用再编制该清单明细。

（6）产品配方。包含制作相关产品的原材料名称、用量等信息。一些大型比赛中还涉及烘焙百分比的计算。

（7）工艺流程。涉及搅拌方式、醒发、成形、成熟等，工艺流程的叙述须符合实际的操作顺序，确保基本准确。

（8）产品标准。大部分活动和赛事都会对相关产品作出标准说明，比如艺术面包的长、宽、高，法式造型面包需要几款及每款制作数量等。制作者应在作业书中标明每个产品的标准信息。

（9）产品特点。包含文化特点、地域特点、口味特点、制作特点等，这些亮点应作为相关设计要求的审核依据，在对应的内容中用文字表述出来。

（10）产品效果。产品样式的具体呈现方式应根据活动或比赛的需求来定。一般用于比赛的产品作业书需要提供产品的彩色照片，此照片与赛事中的产品应保持一致。

（11）封面及目录。作业书的封面及目录一般置于最前面，便于阅读者查找信息。

四、产品作业书的编制要求有哪些？

1. 内容要求

一是具有一定美感。产品作业书是作品呈现的一个重要组成部分，应使阅读者感受到艺术性和设计感，这就要求其在排版设计上具有一定的美感，包括字体、图片、背景、装订等。不过也要避免过度华丽、奢侈，偏离设计作业书的初衷。

二是逻辑严谨。产品作业书中的内容展现应逻辑清晰，切勿叙述杂乱。

三是完整性。产品制作的内容要素应完整地呈现在产品作业书中，任何一个项目说明都不能少。

2. 一致性要求

一是作业书内容与实物呈现一致。作业书中描述的产品配方、产品标准、产品特点、产品效果应与实际产品相一致。

二是制作工艺与作业书内容一致。在宣传活动中，作品可能以实际呈现为最终目的，所以具体实践过程中的流程问题通常不太受重视。但在竞赛中，如果出现作品失败的情况，评委需要明确导致成品失败的原因是实际工艺流程与作业书中预设的工艺流程不一致，还是工艺流程正确但存在其他因素。原因不同，结果也不同。

提示

在拍摄产品图片时，就需要考虑排版的整齐度，要确定产品背景颜色、横竖构图等。

"第六届烘焙主题技能大赛"产品作业书编制

1. 封面

比赛名称：第六届烘焙主题技能大赛

选手姓名：×××

出生日期：2002.1.1

本作业书封面如图6-1-1所示。

注意事项

因为此次大赛有年龄限制，所以应在作业书显著位置标注相关信息。如果赛事没有此类要求，可选择不添加。封面上也可增加代表队、指导教练等信息，参赛选手视实际情况而定。

图 6-1-1　封面

2. 选手简介

选手简介内容包括自己的过往经历、感悟等，应篇幅简短，中心明确，积极向上。本作业书选手简介如图 6-1-2 所示。

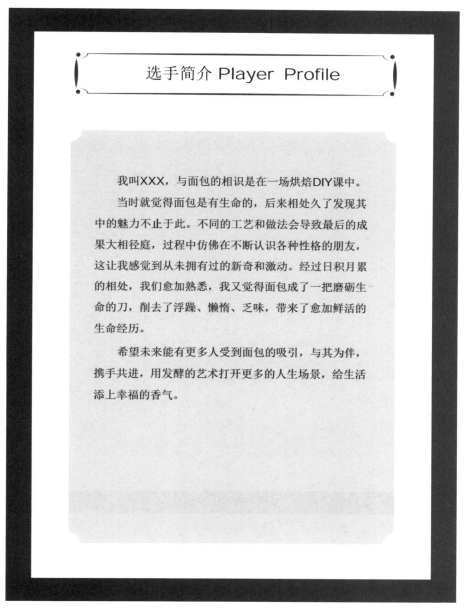

图 6-1-2　选手简介

3. 目录

目录形式无固定要求，可以视实际情况调整。如果比赛内容较少，也可以选择不设置。本作业书目录如图 6-1-3 所示。

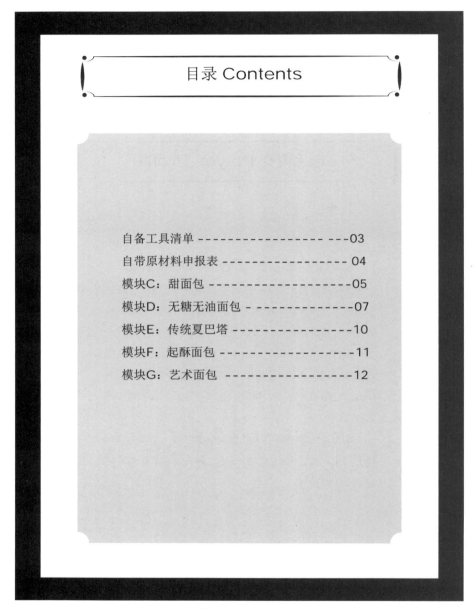

目录 Contents

图 6-1-3　目录

4. 自备工具清单

　　选手可自带基础设施清单中没有涵盖的材料及个人物品。这些物品必须在比赛前呈交裁判，经助理裁判或相关人员检查后才能带入赛场。本作业书自备工具清单如图6-1-4 所示。

自备工具清单 Tool List

序号	名称	数量单位	技术规格	序号	名称	数量单位	技术规格
1	卷尺	1卷	长度100cm	30	毛巾	6条	棕色、白色
2	小毛刷	1把	长度22cm	31	糖锅	1个	外径20cm
3	周转车	2台	尺寸60*85*47cm	32	汤勺	1把	长度23cm
4	毛刷	2把	长度22cm	33	剪刀	1把	长度15cm
5	亚克力模具	1套	自制（共3个）	34	锉刀	1把	长度30cm
6	粉铲	2个	容量500ml	35	线手套	1副	白色
7	艺术面包定型粉袋	2袋	自制	36	15连硅胶模	2个	D-027
8	雕刻刀	1把	长度14cm	37	计时器	1个	—
9	网筛	2个	外径13cm	38	艺术面包硅胶模具	1套	自制（共30个）
10	擀面棍	2个	长度40cm	39	发酵筐	4个	尺寸552*32*9cm
11	帆布	5张	尺寸60*150cm	40	八角模具	24个	MY35211
12	割包刀	1把	长度13cm	41	桌布	1张	黑色
13	切面刀	1把	长度15cm	42	裱花袋	3个	长度46cm
14	半圆软刮	1个	长度13cm	43	滚轮擀面杖	1个	长度46cm
15	带洞不粘高温垫	10个	尺寸37*57cm	44	百洁布	3个	—
16	粉刷	1把	长度38cm	45	一次性打包盒	20个	外径11cm
17	不锈钢切模模具	1套	自制（共8个）	46	文件夹	1本	A4
18	烘焙纸	30张	尺寸40*60cm	47	电子秤	1台	10kg
19	烤盘	20个	尺寸40*60cm	48	抹刀	1把	6寸
20	挂钩	3个	—	49	割包刀刀片	2片	长度4.5cm
21	保鲜膜	1卷	尺寸450mmX500m	50	刻刀刀片	2片	长度4cm
22	包面袋	10个	尺寸68*49cm	51	中性笔	1支	黑色
23	锡纸	1卷	尺寸150X45cm	52	标签纸	5张	白色
24	圈模	1套	外径11.5cm	53	不锈钢筛粉模具	2个	自制
25	木板	15个	尺寸40*60cm	54	艺术面包定型模具	1个	自制
26	菊花模具	24个	MY34343	55	台卡	1套	—
27	冰袋	2个	尺寸42*80cm	56	半圆球模具	1个	直径30cm
28	小木板	1个	尺寸50x40cm	57	打包袋	3个	装黑麦粉
29	打孔器	1个	长度20cm	58			

图 6-1-4　自备工具清单

5. 自带原材料申报表

　　自带原材料一般需要填写申报表，由申报人向裁判组提交申请。申请成功后，这些物品还须经助理裁判对照申报表检查后才能带入赛场。严禁带入成品或半成品。

　　选手须确保自带的原材料符合食品安全卫生要求，无毒、无害，如果因自带的原材料引发食品安全事故，选手须承担相应责任。本作业书自带原材料申报表如图6-1-5所示。

自带原材料申报表 Raw Material List

序号	名称	数量/单位
1	黑麦面粉	9000 g
2	玉米籽	230 g
3	红色色淀	30 g
4	深黑可可粉	100 g
5	奶油奶酪	280 g
6	朗姆酒	30 g
7	树莓粉	40 g
8	可可粉	350 g
9	黑色色淀	25 g
10	树莓果茸	60 g
11	艾素糖	1200 g
12	糖水	350 g

图 6-1-5　自带原材料申报表

6. 产品食谱

　　本产品食谱包含五个模块，同类产品可以合并展出，展出内容包括产品配方、烘焙百分比及工艺流程，应配有对应的产品图片。

提示

竞赛中制作的产品应与作业书中呈现的内容相匹配。

注意事项

　　设计产品食谱时，以突出核心内容为主，篇幅不作限制，样式简洁明朗，内容条理清晰。

（1）产品配方包含原材料名称、对应的质量信息。原材料质量应依据比赛产品要求进行计算，同时需要考虑面团的废弃及损耗量。大部分竞赛文件中都会标明整个竞赛过程中废弃面团不得超过的重量，设计用量时要综合考虑各模块的实际需求，为各环节制作留出可操作的空间。

以模块 C 甜面包中两款辫子面包为例，比赛要求每款产品提供五个，每个产品烤后质量为 300 g ± 5 g，那么生面团（未烤面团）每个用量可控制在 315 g ~ 320 g，两款产品使用同类面团，所用材料总量实际为 3150 g ~ 3200 g，设计面团使用材料时，最终可确定总量为 3210 g。

（2）如前文所述，某材料的烘焙百分比 = 某材料实际用量 / 面粉用量 ×100%。以模块 C 甜面包为例，原材料中含有高筋面粉 900 g、低筋面粉 600 g、糖 270 g、盐 30 g、鲜酵母 60 g、牛奶 450 g、鸡蛋 450 g、黄油 450 g，其中面粉用量是高筋面粉和低筋面粉的总和，即 1500 g，那么糖的烘焙百分比 = 270 / 1500×100% = 18%，根据该公式可依次计算出其他材料的对应数值。

（3）有关工艺流程的内容一般包括搅拌、发酵、整形、装饰、烘烤等重要阶段的信息。此外，根据技术文件要求，可突出重点信息。格式不固定，应清晰简洁，逻辑缜密。

注意事项

设计工艺流程前应先仔细阅读相关技术文件，再进行梳理，诸如含馅产品的馅料填入时机、烤前装饰还是烤后装饰、艺术面包使用的面团种类及工艺数量等信息应体现在工艺流程内。以模块 G 立体艺术面包为例，比赛要求使用四种不同工艺的面团和发酵类面团，这类工艺信息应在作业书中有所体现。

（4）产品图片如图 6-1-6、图 6-1-7、图 6-1-8、图 6-1-9、图 6-1-10、图 6-1-11、图 6-1-12、图 6-1-14 所示。

（5）产品描述如图 6-1-15 所示。

提示

在确定质量信息时，需要结合比赛要求认真考虑，避免浪费。

提示

许多竞赛会规定不得使用改良剂、预拌粉等材料。

提示

每款产品应配有一张同背景图片，细节清晰，能用于实际比较。

模块C：甜面包

五股辫、六股辫面包

材料	烘焙百分比	实际用量	工艺流程
高筋面粉	60%	900g	1. 搅拌：将黄油外的材料一起搅拌至面筋扩展阶段。
低筋面粉	40%	600g	2. 加油：加入黄油搅拌至面筋完全扩展阶段。
糖	18%	270g	3. 面团温度：26℃。
盐	2%	30g	4. 基础醒发：室温醒发45~50min。
鲜酵母	4%	60g	5. 分割/预整形：五股64g/个，六股54g/个，搓成长条状。
牛奶	30%	450g	6. 中间松弛：冷藏15min。
鸡蛋	30%	450g	7. 成形：编辫成五股与六股辫形状。
黄油	30%	450g	8. 最终醒发：以温度30℃，湿度80%，发酵45~55min。
			9. 烤前装饰：表面刷上一蛋的液。
			10. 烘烤：上火200℃，下火190℃，烘烤15~18min。

产品图片

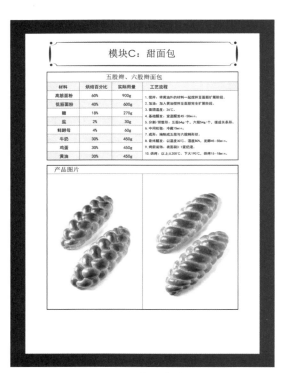

图 6-1-6 产品食谱（1）

模块C：甜面包

无馅与含馅布里欧修

材料	烘焙百分比	实际用量	工艺流程
高筋面粉	60%	600g	1. 搅拌：将黄油外的材料一起搅拌至面筋扩展阶段。
低筋面粉	40%	400g	2. 加油：加入黄油搅拌至面筋完全扩展阶段。
糖	18%	180g	3. 面团温度：26℃。
盐	2%	20g	4. 基础醒发：室温醒发45~50min。
鲜酵母	4%	40g	5. 分割/预整形：无馅66g/个，滚圆。含馅30g/个，滚圆。
牛奶	30%	300g	6. 中间松弛：冷藏15min。
鸡蛋	30%	300g	7. 成形：包入馅料，放入带盖的高状模具中。
黄油	30%	300g	8. 最终醒发：以温度30℃，湿度80%，发酵45~55min。
			9. 烤前装饰：无馅：表面刷一蛋的液，撒下白巧。
			10. 烘烤：风炉165℃，烘烤12~13min。

馅料1：奶酪馅			塔皮		
材料	实际用量	工艺流程	材料	实际用量	工艺流程
奶油奶酪	300g	1. 奶油奶酪与砂糖打软。	黄油	200g	1. 黄油加入砂糖打软。
砂糖	70g	2. 加入朗姆酒拌匀。	鸡蛋	50g	2. 加入鸡蛋拌匀，加入粉类拌匀。
朗姆酒	5g	3. 装入裱花袋备用。	砂糖	100g	3. 在裱花袋或裱花嘴中挤出形状，常温备用。
馅料2：沙布列			低筋面粉	300g	
黄油	200g	1. 黄油加入砂糖打软。			
砂糖	200g	2. 加入粉类拌匀。			
树莓粉	30g	3. 加入红色色素拌匀。			
低筋面粉	300g	4. 开酥，压模，冷冻备用。			
红色色素	1g				

产品图片

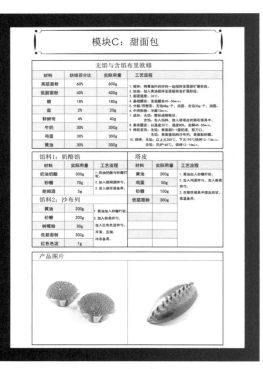

图 6-1-7 产品食谱（2）

模块D：无糖无油面包

传统法棍

材料	烘焙百分比	实际用量	工艺流程
高筋面粉	60%	1200g	1. 搅拌：将所有材料一起搅拌至面筋扩展阶段。
低筋面粉	40%	800g	2. 面团温度：14℃。
盐	2%	40g	3. 基础醒发：室温醒发20min，转冷藏隔夜发酵。
鲜酵母	1%	20g	4. 分割/预整形：每个350g/个。
水	80%	1600g	5. 中间松弛：冷藏松弛。
			6. 成形：整形成法棍形状。
			7. 最终醒发：室温发酵40~45min，冷藏发酵20~25min。
			8. 烤前装饰：划刀口。
			9. 烘烤：上火250℃，下火230℃，喷3秒蒸汽，烘烤25~27min。

产品图片

图 6-1-8 产品食谱（3）

模块D：无糖无油面包

法式造型面包

材料	烘焙百分比	实际用量	工艺流程
高筋面粉	50%	3000g	1. 搅拌：将所有材料一起搅拌至面筋扩展阶段。
低筋面粉	40%	2400g	2. 面团温度：14℃。
黑麦面粉	10%	600g	3. 基础醒发：室温醒发20min，转冷藏隔夜发酵。
盐	2%	120g	4. 分割/预整形：法式造型：每个95g/个，水滴形，20g/个。
鲜酵母	1%	60g	5. 中间松弛：冷藏15min。
水	70%	4200g	6. 成形：法式造型：花形状，法式造型：鸟形状。
			7. 最终醒发：室温发酵60min。
			8. 烤前装饰：无。
			9. 烘烤：上火250℃，下火230℃，喷5秒蒸汽，烘烤30~35min。

黑色法式造型调色面皮		
材料	实际用量	工艺流程
法式造型面团	900g	1. 将所有材料全部放入机器中搅拌成团。
黑色色素	5g	2. 将面团擀开搅拌15min，用不同模具切出形状。
深黑可可粉	5g	3. 冷藏备用。
黑麦面粉	40g	

产品图片

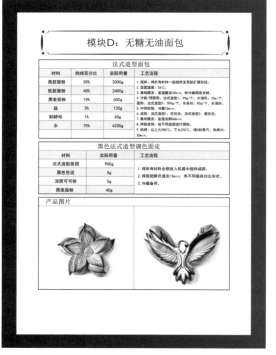

图 6-1-9 产品食谱（4）

模块D：无糖无油面包

创意花式割口法式面包

材料	烘焙百分比	实际用量	工艺流程
高筋面粉	50%	1000g	1. 搅拌：将所有材料一起搅拌至面筋扩展阶段。
低筋面粉	40%	800g	2. 面团温度：26℃。
T1150	10%	200g	3. 基础醒发：室温醒发20min，转冷藏隔夜发酵。
鲜酵母	1%	20g	4. 分割/预整形：分割成600g/个、预整形成圆形。
盐	2%	40g	5. 中间松弛：冷藏15min。
水	70%	1400g	6. 成形：圆形。
			7. 最终醒发：室温发酵60min。
			8. 烤前装饰：筛粉，划刀口。
			9. 烘烤：以上火250℃、下火230℃，喷3秒蒸汽，烘烤30～35min。

产品图片

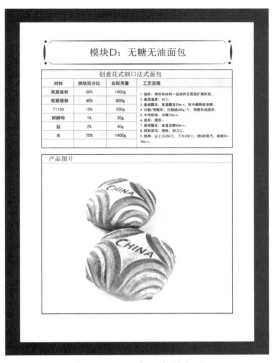

图 6-1-10　产品食谱（5）

模块E：传统夏巴塔

传统夏巴塔

材料	烘焙百分比	实际用量	工艺流程
高筋面粉	60%	1200g	1. 搅拌：将所有材料一起搅拌至面筋扩展阶段。
低筋面粉	40%	800g	2. 面团温度：24℃。
盐	2%	40g	3. 基础醒发：室温醒发30min，转冷藏隔夜发酵。
鲜酵母	1%	20g	4. 分割成形：分割成370g/个、整形成长条方形。
水	80%	1600g	5. 最终醒发：室温发酵30～35min。
橄榄油	10%	200g	6. 烘烤：以上火250℃、下火230℃，喷5秒蒸汽，烘烤25～28min。

产品图片

图 6-1-11　产品食谱（6）

模块F：起酥面包

起酥面团

材料	烘焙百分比	实际用量	工艺流程
高筋面粉	60%	1800g	1. 搅拌：将所有材料一起搅拌至面筋扩展阶段。
低筋面粉	40%	1200g	2. 面团温度：26℃。
幼砂糖	15%	450g	3. 基础醒发：室温醒发40～45min，急速冷冻15～20min。
鲜酵母	4%	120g	4. 包油开酥：面团为片状3折3次。
盐	2%	60g	5. 中间松弛：冷藏20min。
鸡蛋	10%	300g	6. 成形：中间厚两边薄、擀开，切成10×30cm的三角形、卷成牛角形状。
水	40%	1200g	7. 最终醒发：以温度30℃、湿度80%、发酵90～100min。
黄油	7%	210g	8. 烤前装饰：传统牛角卷刷蛋液，巧克力牛角沾面糊1道奶油酱。
			9. 烘烤：传统牛角卷以上火200℃、下火190℃、烘烤14～16min。巧克力牛角卷花式空心开酥、风炉165℃烘烤18min。
			10. 烤后装饰：花式空心开酥刷糖水。

馅料

材料	实际用量	工艺流程
黄油	200g	1. 黄油和砂糖打软，加入鸡蛋拌匀，加入杏仁类搅拌均匀，加入朗姆酒搅拌。
鸡蛋	150g	2. 挤入A15直径钮模，风炉165℃烘烤14min。
幼砂糖	50g	3. 刷焦糖液，冷藏备用。
低筋面粉	150g	
朗姆酒	10g	

巧克力可颂调色面皮

材料	实际用量	工艺流程
起酥面团	400g	1. 所有材料拌匀。
可可粉	10g	2. 分割冷藏备用。

红色起酥面团调色面皮

材料	实际用量	工艺流程
起酥面团	400g	1. 所有材料拌匀。
红色色淀	5g	2. 分割冷藏备用。

产品图片

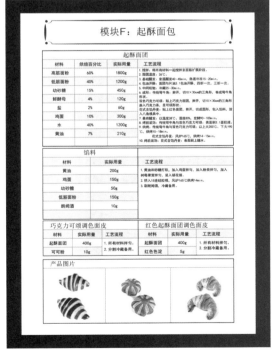

图 6-1-12　产品食谱（7）

模块G：艺术面包

艺术面包：非发酵面团

材料	烘焙百分比	实际用量	工艺流程
黑色烫面			
黑麦面粉	100%	1000g	1. 将糖与水烧至沸腾。
糖	45%	450g	2. 加入粉类搅拌至无干粉。
水	45%	450g	3. 密封冷却使用。
深黑可可	5%	50g	
原色烫面			
黑麦面粉	100%	1000g	1. 将糖与水烧至沸腾。
糖	44%	440g	2. 加入粉类搅拌至无干粉。
水	44%	440g	3. 密封冷却使用。
可可烫面			
黑麦面粉	100%	5000g	1. 将糖与水烧至沸腾。
糖	40%	2000g	2. 加入粉类搅拌至无干粉。
水	40%	2000g	3. 密封冷却使用。
可可粉	5%	250g	
糖水			
糖		340g	将糖与水煮至103℃，冷却常温使用。
水		200g	
冷糖水白面团			
冷糖水	70%	350g	1. 将所有材料全部搅拌成团。
低筋面粉	100%	500g	2. 松弛使用。

艺术面包：两种发酵面团

1. 发酵面团1：使用黑色法式造型调色面皮制作出八爪鱼的触脚。
2. 发酵面团2：将法式造型面团与起酥面团混合制成发酵面团，整形烘烤成配件水泡。

图 6-1-13　产品食谱（8）

图 6-1-14　产品食谱（9）

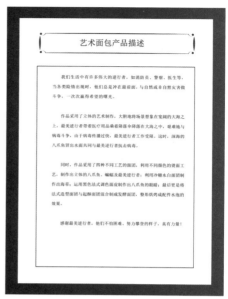

图 6-1-15　产品食谱（10）

7. 封底

若赛事对此没有相关要求，一般与封面有所呼应即可。本作业书封底如图 6-1-16 所示。

图 6-1-16　封底

 **总结评价**

依据世界技能大赛相关评分细则，本任务的评分标准详见下表，总分为 10 分。

表 6-1-1　任务评价表

分项 名称	类型	评价项目	评分标准	分值	得分
作业书 美感	主观	排版设计	有一定的艺术性和设计感，简洁、直观，得 2 分；页面排版一般，不杂乱，得 1 分；页面杂乱，无设计感，计 0 分	2	
	主观	文字表述	文字表述严谨、专业、完整、准确，得 2 分；文字表述严谨、专业、准确，略有缺失，得 1 分；文字表述不专业，信息不准确，计 0 分	2	
作业书 逻辑	主观	内容要素	清晰表达作品的相关内容要素，错落有致，主次有别，得 2 分；内容要素排列符合逻辑，美感欠缺，得 1 分；内容要素排列混乱，主次不分，计 0 分	2	
	主观	表达顺序	逻辑清晰，不杂乱，阅读完全无障碍，得 2 分；逻辑清晰，阅读基本无障碍，得 1 分；逻辑混乱，阅读障碍明显，计 0 分	2	
作业书 完整性	主观	产品要素	完整表达作品的相关内容要素，无遗漏，得 2 分；主要内容要素完整，次要内容有遗漏，得 1 分；主要内容要素有遗漏，计 0 分	2	

 **拓展学习**

多种类面包的摆台

1. 摆台的内容

一是产品作业书。产品作业书有助于观众或评委理解产品和主题之间的关系，一般可以放在艺术面包旁边，作为摆台展示的一部分。

二是作品。许多大型赛事往往会要求选手制作一组产品，包含一定尺寸要求的大型艺术面包、起酥面包、法式造型面包等。摆台时应将这些产品摆放至指定位置，并注意摆放的合理性和层次的美观性。

三是道具。根据设计需求或场景要求，选手可以添加木制格挡、藤篮、桌布等进行装饰组合，前提是主办方准许有此类内容。

2. 摆台的设计

正式摆台前应提前制作好艺术面包摆台的设计图，标记好相关产品的摆放位置，注意长短变化、大小变化、高矮变化等，使整体呈现效果统一、协调。一般组合类面包的整体摆台采用前低后高、前小后大的方式，如图 6-1-17 所示。

图 6-1-17　摆台

3. 摆台的步骤

一是检查台面。展示台面一定要平整，以免影响产品的摆放。

二是布置道具。根据场馆或比赛要求，将可摆放的道具固定好，不宜频繁移动，尤其是在摆放产品后，任何轻微的震动都有可能对艺术面包的稳定性造成影响。

三是摆放产品。按照设计图将产品摆放至指定位置，一般先摆放大型产品，再摆放小型产品。当产品全部摆放完成后，再摆放产品作业书。

四是清洁工作。相关产品摆放完成后，应检查桌面和地面卫生，及时进行清理，保持环境整洁。

思考与练习

1. 请简要阐述作业书从设计到完成可能涉及哪些具体的技术。

2. 技能训练：根据本任务中的情景描述，请独自设计一套符合标准的产品组合，并自制一套对应的作业书。

附录 《烘焙》职业能力结构

模块	任务	职业能力	主要知识
1. 甜面包的制作	1. 甜面包面团的调制	1. 能说出制作甜面包面团使用的材料的特点； 2. 能根据面包面团搅拌过程中的特点来判断面团的调制程度； 3. 能正确计算并控制面包面团的调制温度； 4. 能正确制作一般的固体酵种与液体酵种； 5. 能使用直接发酵法与固体酵种法调制面包面团； 6. 能熟知食品加工行业的安全事项，养成良好的食品卫生习惯	1. 甜面包面团的特点； 2. 甜面包面团的基础材料特性； 3. 面筋形成的基本原理； 4. 面包面团的调制工艺； 5. 一般酵种的制作； 6. 面包面团调制温度的计算及控制； 7. 面包面团的调制
	2. 辫子面包的制作	1. 能制作不同股数的辫子面包； 2. 能结合辫子面包的评分标准来评价面包的质量； 3. 能运用正确的方法保藏面包； 4. 能注重面包制作流程的细节，自觉遵守面包制作的规程	1. 面包制作的基本工序； 2. 影响辫子面包成形的主要因素； 3. 辫子面包的整形技法； 4. 辫子面包的保藏方法； 5. 多款辫子面包的制作
	3. 无馅布里欧修的制作	1. 能合理选配面包模具； 2. 能使用剪刀对面包进行剪口装饰； 3. 能熟练且安全地使用工器具，养成严谨细致的工作习惯	1. 无馅布里欧修面团的制作； 2. 无馅布里欧修的整形及其变形； 3. 面包模具的选择与使用； 4. 酵种的循环使用
	4. 含馅布里欧修的制作	1. 能使用坚果、奶酪、水果等制作馅料； 2. 能选用正确的方式填充及装饰馅料； 3. 能对面团进行基础调色； 4. 能正确储存馅料成品、半成品、材料等； 5. 能自觉遵守材料的贮藏和运用原则，减少浪费	1. 布里欧修面团的调色方法； 2. 布里欧修常用的馅料； 3. 馅料与面包的组合方式； 4. 含馅面包的制作； 5. 馅料储存的方法
2. 无糖无油面包的制作	1. 传统法棍的制作	1. 能运用正确的方法调制法棍面团； 2. 能运用正确的方法对法棍面团进行预整形、成形、割口； 3. 能理解面包表皮形成的原理； 4. 能掌握法棍类产品的基本特点及评价方法； 5. 能严格遵守安全与卫生操作规范，养成良好的食品卫生习惯	1. 法棍面团的水解及面团使用的材料的特点； 2. 法棍面团的制作及割口整形； 3. 花式法棍的变形制作； 4. 喷蒸汽烘烤的概念

（续表）

模块	任务	职业能力	主要知识
	2．法式造型面包的制作	1. 能准确说出面包造型的工序要点； 2. 能运用不同的塑形方法制作法式造型面包； 3. 能在制作过程中提高创意与审美能力	1. 法式造型面团的特点； 2. 法式造型面团的整形工序； 3. 法式造型面包的塑形方法； 4. 多款法式造型面包的成品制作
3．起酥面包的制作	1．牛角包的制作	1. 能运用正确的方法制作起酥面团； 2. 能运用恰当的方法储存起酥面团； 3. 能运用正确的方法独立制作牛角包； 4. 能利用数学思维理解起酥面团的层次变化； 5. 能规范操作设备，养成良好的安全操作习惯	1. 起酥面团的制作与特点； 2. 起酥面团的包起方式及折叠方式； 3. 起酥面团酥脆的原理； 4. 牛角包的制作方法及产品评价； 5. 起酥面团的层次变化特点
	2．花式起酥面包的制作	1. 能说出花式起酥面包的制作工序； 2. 能对起酥面团进行调色； 3. 能制作含凝胶剂的冷冻馅料； 4. 能制作含馅起酥面包； 5. 能正确使用工具和设备，遵守食品安全法规	1. 双色起酥面团的组合； 2. 含凝胶类冷冻馅料的特点； 3. 常见凝胶剂的使用方法； 4. 多款起酥面包的变形制作
4．特殊面包的制作	1．特殊材料面包的制作	1. 能列举面包制作中特殊材料的种类及特性； 2. 能使用特殊材料创作面包产品； 3. 能根据食品安全相关法律法规的要求正确使用原材料	1. 对面包基础风味材料的基本认识； 2. 对面包特殊风味材料的基本认识； 3. 特殊材料的使用方法； 4. 常见特殊材料面包的制作
	2．特殊成熟方式面包的制作	1. 能了解面包加工的各种成熟方法； 2. 能使用不同的成熟方式制作面包； 3. 能独立制作本任务中的产品； 4. 能理解淀粉糊化的基本概念	1. 面包成熟的基本原理； 2. 面包热传递的具体操作方式； 3. 面包热传递过程中常使用的传热介质； 4. 多款特殊成熟方式面包的制作
	3．特殊造型面包的制作	1. 能正确使用烘焙碱水制作面包； 2. 能对吐司模具有基本认识； 3. 能熟悉本任务中三款产品制作的特点及难点； 4. 能知悉用电安全的相关知识	1. 吐司制作的特点及难点； 2. 德国结制作的特点及难点； 3. 佛卡夏制作的特点； 4. 基本用电安全知识

模块	任务	职业能力	主要知识
5. 艺术面包的制作	平面与立体艺术面包的制作	1. 能简述产品设计的基本流程及方法； 2. 能使用发酵类面团、非发酵类面团制作艺术面包； 3. 能运用正确工序制作平面、立体艺术面包； 4. 能围绕指定主题展示设计和技术的灵感与创新	1. 艺术面包的用途； 2. 艺术面包的种类； 3. 制作艺术面包常用的面团； 4. 立体艺术面包的制作流程； 5. 常见的艺术面包底座与支架
6. 作业书的编制	多种类面包组合作业书的编制	1. 能说明产品作业书的作用及意义； 2. 能说出产品作业书的基本组成及编制要求； 3. 能设计多种类面包的组合摆台方案； 4. 能编制作业书并合理排版，提高审美能力	1. 产品作业书的作用及意义； 2. 编制产品作业书的基本流程； 3. 产品作业书的基本内容； 4. 产品作业书的编制要求

编写说明

　　《烘焙》世界技能大赛项目转化教材是在上海市教育委员会、上海市人力资源和社会保障局领导下，由上海市贸易学校按照市教委教学研究室世赛项目转化教材研究团队提出的总体编写理念、结构设计要求编写。本教材可作为职业院校食品加工专业的拓展和补充教材，建议学生完成主要专业课程学习后，在专业综合实训或顶岗实践中使用，也可作为相关技能培训教材。

　　本书由上海市贸易学校张永亮、仇志俊担任主编，负责教材内容设计和组织协调工作。教材具体编写分工如下：张永亮撰写模块一、模块二，仇志俊撰写模块三、模块四，程琳丽撰写模块五，陈小蒙撰写模块六，张永亮撰写前言、附录。全书由张永亮、仇志俊统稿。

　　编写过程中有幸得到上海市教委教研室谭移民老师的悉心指导，以及行业专家王森老师的鼎力支持，在此向他们表示衷心的感谢。

　　欢迎广大师生、读者提出宝贵的意见和建议，以便编写组修订时加以完善。

图书在版编目（CIP）数据

烘焙 / 张永亮，仇志俊主编. — 上海：上海教育出版社，2023.7
世界技能大赛项目转化系列教材
ISBN 978-7-5720-1881-7

Ⅰ.①烘… Ⅱ.①张… ②仇… Ⅲ.①烘焙－食品加工－教材 Ⅳ.①TS213.2

中国国家版本馆CIP数据核字(2023)第125667号

责任编辑　周琛溢
书籍设计　王　捷

烘焙
张永亮　仇志俊　主编

出版发行　上海教育出版社有限公司
官　　网　www.seph.com.cn
地　　址　上海市闵行区号景路159弄C座
邮　　编　201101
印　　刷　上海普顺印刷包装有限公司
开　　本　787×1092　1/16　印张 14.25
字　　数　312 千字
版　　次　2023年7月第1版
印　　次　2023年7月第1次印刷
书　　号　ISBN 978-7-5720-1881-7/G·1691
定　　价　46.00 元

如发现质量问题，读者可向本社调换　电话：021-64373213